餐館賣場設計

張世琪◎著

目　錄

第一章

餐館及餐館賣場的概念

俗話說：「民以食爲天」；中國古代的《孟子》一書也曾說過：「食、色，性也」，把「進食」看成是人類的本性之一。飲食在人們日常生活中占據著不可取代的重要位置，也爲餐飲企業的發展提供了廣闊的天地。

我國有著深厚的飲食文化傳統，餐館的歷史十分悠久。經過千百年的歷史沈澱，餐館業在社會經濟的浪潮中煥發出更加絢麗的光彩。現今我國餐飲企業呈多元化格局：企業形式多樣化，集體企業、外資、合資、股份制、個體及各種形式的合作經營模式並存；規模不一，大型豪華餐館、中型餐館、小型餐館分布在城鄉的各個角落。隨著餐飲業的不斷發展，餐飲管理水準的不斷改進，餐飲經營的專業化程度迅速提高，餐館的競爭形式已從低層次的價格競爭轉向品質競爭及文化競爭。但在高速發展的同時，我們同樣體認到消費者消費行爲的日益成熟、消費者消費觀念的不斷變化，也爲餐飲經營增添了難度。如今，餐飲產品生命周期愈來愈短，爲了適應餐飲市場的變化，餐飲企業必須注重對市場的調查與研究，注重餐飲產品的開發與行銷，同時也必須注重餐館的賣場環境。在爲客人提供舒適愜意的用餐環境時，也必須注重營造良好的銷售環境，促進客人消費。

第一節　餐飲企業的概念與分類

餐飲業的構成十分複雜，種類繁多。從餐飲企業的客源市場而言，各個餐飲企業面對不同的消費階層，各自的目標市場擁有不同職業與不同飲食喜好的消費者。從餐飲企業的規模大小而言，從營業面積達幾千平方公尺的大型餐館到臨街十幾平方公尺的小飲食店，各自爲營。從餐飲企業經營的產品而言，從經營正餐到麵點小吃，從高級豪華的宴席到便捷快速的套餐，應有盡有。

一、餐飲業的構成

餐飲業是指以從事飲食烹飪加工及消費服務經營活動爲主的行業。主要由如下幾個類別構成：

（一）飯店、賓館、酒店、度假村、娛樂場所中的餐飲部系統

1.各種風味的中、西餐廳及宴會廳、自助餐廳等。
2.酒吧、酒廊。
3.咖啡廳。
4.茶座。

（二）各類營利性餐飲服務機構

1.各種餐廳、餐館、酒樓。
2.快餐店、風味小吃店。
3.各類餐飲連鎖店。
4.茶館、茶樓、茶吧。
5.酒吧。
6.咖啡屋。

（三）非營利及半營利性的餐飲服務機構

1.企、事業單位食堂、餐廳。
2.學校、幼兒園的餐廳。
3.醫院餐廳。

4.監獄餐廳。

5.軍營的飲食服務機構。

二、餐飲企業的概念與名稱

(一) 概念

餐飲企業是利用特定的場所和設施，爲顧客提供食品、飲料和服務，以營利爲目的的企業。餐館則是透過出售服務、餐點、飲料以滿足顧客飲食需求及社交需求、心理需求的場所。當然，餐飲企業的發展日新月異，外賣餐飲及無店鋪餐飲經營也隨著社會的需求應運而生，但無論如何，餐館仍然是餐飲企業經營的主要方式。

(二) 名稱

在英文中，與餐飲業相關的名稱有限。常用的有：

Hotel——指以提供客房服務爲主，以餐飲服務爲輔的飯店、賓館或旅館。

Motel——是Motor Hotel的演變詞，意爲汽車旅館。

Restaurant——指有固定場所，提供飲食和服務的機構。

Bar——酒吧，「吧」即是Bar的中譯音。

在我國，餐館的名稱五花八門，如酒樓、酒家、酒館、飯店、飯館、快餐店、飲食店、小吃店、小吃部、麵店、食堂等。以上只是屬性名稱，至於各餐館的名號更爲豐富多彩，讀起來琅琅上口、唇齒留香，充分呈現了中文字的豐富意韻。例如：

樓：香滿樓、鴻賓樓、杏花樓、燕春樓、樓外樓等。

閣：聚賓閣、畫萃閣等。

居：湖畔居、美膳居、沙鍋居、同合居等。

坊：天一坊等。

館：奎元館等。

齋：全素齋等。

觀：知味觀等。

社：海豐西餐社等。

春：滿堂春、雁翎春等。

堂：聚英堂等。

三、餐飲企業的分類

(一) 按餐飲產品的經營形式分類

■求新求異的主題餐館

主題餐館（Theme Restaurant）主要是透過裝飾布置和娛樂安排，追求某一特定的主題風格，創造一種用餐氛圍招攬顧客。例如文化餐廳、搖滾餐廳、足球餐廳、汽車餐廳等。到主題餐廳用餐的客人主要是爲了獲得整體感受，而不僅僅是食品飲料本身。所以這類餐廳提供的餐飲品種往往有限，但極富特色。

■多姿多采的風味餐館

風味餐館（Speciality Restaurant）主要透過提供獨特風味或獨特烹調方法的餐點來滿足顧客的需要。一般來說，風味餐館主要包括專門經營某一類食品或菜餚的餐館，例如風味小吃店、麵店、海鮮餐館、野味餐館、蛇餐館、燒烤餐廳等；還有專門經營某一地方菜系的餐館，例如川菜館、粵菜館、潮州軒、湘菜館、北京餐廳等；或經營某一國的風味餐點，例如法式餐廳、日本料理、韓國料理等；或供應顧客某一特殊需要的餐點，例如素菜館、清眞餐館、藥膳等。

如**表1-1**所示爲以供應菜餚爲特色的餐館分類。

表1-1　以供應菜餚為特色的餐館分類

中國風味餐館	西式風味餐館	其他風味餐館	特色烹調餐館
魯幫風味餐館	法式菜餚餐館	日本菜餚餐館	燒烤餐館
揚幫風味餐館	德式菜餚餐館	韓國菜餚餐館	鐵板餐館
粵幫風味餐館	義大利式菜餚餐館	印尼菜餚餐館	火鍋餐館
川幫風味餐館	其他西式菜餚餐館	越南菜餚餐館	牛排餐館
京幫風味餐館		其他	素菜館
閩幫風味餐館			清眞餐館
蘇錫幫風味餐館			養生食療餐館
上海幫風味餐館			蛇餐館
各式麵點、小吃店			野味餐館

■快捷方便的快餐店和自助餐館（Snack Bar & Self Service）

快餐店是提供快速餐飲服務的餐廳。這類餐廳的規模並不大，餐點種類較爲簡單，多爲大眾化的中、低價位餐點，並且多以標準分量的形式提供。近年來，人們的生活節奏日益加快，快餐店無論在數量上還是在銷售額上都快速成長。快餐店一般包括中式快餐店，如上海的新亞快餐；西式快餐店，如麥當勞、肯德基等。

■結合娛樂的休閒餐館（Entertainment Dining）

餐飲與娛樂相結合的經營方式由來已久，在我國可以追溯到商代，王公貴族在享用美味佳餚時，佐以絲竹弦樂。在唐代，唐玄宗喜愛音樂，吃飯多以歌舞助興。民間的娛樂餐飲形式同樣盛行，且種類多樣，例如彈琴歌賦、說書及相聲表演等。在西方，這種休閒餐飲形式至少也有幾百年的歷史。每當節日或喜慶之日，盛宴中必伴有歌舞。如今，隨著人們物質文化生活水準和素質的提高，愈來愈重視精神上的滿足。休閒成爲人們紓解緊張的工作節奏和壓力的重要手段，娛樂形式與餐飲經營相結合，受到了人們的認同並迅速發展起來。

(二) 按餐飲企業的服務方式分類

■餐桌服務型

餐桌服務型餐館在我國餐飲企業中是主力軍，所占比率最大，酒樓、飯館之類的餐館大都採用這類服務方式。這類餐館經營類別豐富，菜色以當地人樂於接受的菜系爲主，兼營具有地方特色的其他菜系餐點，適應大眾口味。餐館內一般闢有大廳區、包廂區、雅座區等不同區域，以滿足團隊客人、會議客人、婚宴、散客等不同客人的需求。

■自助型

・傳統自助型

傳統自助餐主要有餐會及雞尾酒會兩種形式。我國餐飲企業借鑒西式餐會站立服務的模式，根據顧客需求，洋爲中用，中西結合，除西式冷餐外，還增添了中式熱菜、燒烤等，並增添了桌椅供客人自由選擇就座，深受中外客人歡迎。

・火鍋自助型

除了傳統自助餐形式外，火鍋式自助餐形式成爲餐飲界流行的焦點。火鍋是中國傳統的餐飲形式，據考證，在唐代人們就開始使用「陶製火鍋」。自助火鍋在傳統火鍋的基礎上，結合現代

餐飲的設施設備、器具以及服務方式，形成具有現代特色的餐飲方式。自助火鍋原料一般由顧客自選自取，並按個人口味配以輔料烹製及品嘗。

・超市服務型

繼傳統自助型、火鍋自助型之後，又興起了一種新的自助餐飲模式——超市餐飲。超市餐飲借鑒於零售業中超市的布局原理，即開架陳列、自我服務等方式，是以「餐飲商品」爲經營內容的超級市場。它結束了封閉式的餐飲操作和用餐方式，餐飲布局採取透明化、開啓式，分爲進食區、食街區、操作區及就餐區。消費者既可以自選熟食食用，也可以選半成品或鮮活食品，由廚師提供現場烹製服務。顧客不僅可以觀看廚師表演，還可參與烹飪，趣味盎然，氣氛熱鬧。

■吧台服務型

餐館的吧台經營形式，是借用酒吧吧台形式的一種經營方式。餐廳中吧台和吧凳替代了傳統的桌椅，顧客坐在吧凳上邊點菜邊用餐。採用這種經營形式的餐廳，工作台一般沿牆設置，成直線形或半圓形，顧客透過玻璃櫃台選擇自己喜歡的食品，並坐在吧台外的吧凳上等候現場烹製。採用吧台服務型餐館經營的餐點種類一般較爲簡單，烹製也較爲容易，需要時間較短。

■無店鋪服務型

無店鋪服務型是指沒有固定的場所提供用餐，只有流動的廚師、流動的美味佳餚之餐飲企業服務形式。這類餐飲企業只需一間辦公室，一台原料加工車，而無需餐廳與餐位。顧客只需要電話預定，公司的廚師就會帶足原料前往顧客的家中提供外燴服務，現場烹製。這類無店鋪服務的流動餐廳被稱爲是餐館向家庭延伸。

（三）按經營產品分類

■正餐類

提供正餐類菜色的餐館一般只提供午餐與晚餐，且午餐與晚餐的菜單相同。這類餐館提供各種風味菜系，是最常見的餐館。

■麵點、小吃類

中國人喜愛各類麵食與小吃，在北方尤爲突出，所以以經營麵點、小吃爲主的餐館也非常普及。

■飲料茶點類

經營各種飲料茶點的茶館、酒吧、咖啡廳、冰淇淋店是人們休閒會友的重要場所。近年來除了傳統的茶館、酒吧以外，還出現了網咖、租書店等新興場所，也可稱之爲「主題吧」。各種各樣的休閒茶館、酒吧各具其趣，深受顧客歡迎。

（四）按經營的組織形式分類

■獨立經營

獨立經營的餐館是指餐館獨立運作，有經營自主權，並有自己的註冊資本，具有法人資格。獨立經營的餐館在我國餐飲企業中占大多數。

■依附經營

依附經營的餐館一般指飯店、旅館中的餐廳，從屬於飯店，沒有自己的註冊資本，不具備法人資格。

■連鎖經營

連鎖經營已有上百年的歷史，廣泛運用於零售業、服務業、餐飲業等行業。其中以麥當勞、肯德基爲典型的餐飲連鎖企業，憑藉其經營特色與規範管理，迅速擴展經營版圖。與獨立的經營活動相比，餐飲連鎖經營透過經營模式的統一性，經營產品的大眾化及獨特性，管理方式的規範性及管理手段的科學性，進行規模經營，實現規模效益。連鎖經營的模式分爲標準連鎖模式、自願連鎖模式及特許連鎖模式。餐飲連鎖經營包括速食店（快餐店、麵店、水餃店、咖哩飯、牛肉飯、燒烤食品、漢堡等）、便餐店（中餐、西餐、日本料理、韓國料理等），也包括酒吧、咖啡廳、冰淇淋店等種類。

第二節　餐館賣場的概念

餐館的賣場設計是餐館籌建與餐館經營管理範疇中至關重要的環節，餐館的賣場從功能到氛圍都應與餐館經營的餐飲產品相匹配。不僅在功能上滿足餐館的要求，也讓顧客在享受美食的同時，感受到整個用餐環境帶來的舒適與愜意，有利於餐館的現場銷售。

一、零售業賣場的概念

（一）零售業賣場的概念

賣場的概念首先運用於零售業，是指商店的營業場所，是顧客購買商品、零售商銷售商品的空間或場所。與「商場」一詞不同的是，「商場」有時也作爲商店之意，而「賣場」是商店的一部分，是陳列商品及與顧客發生交易，即產生「買賣」的場所。

賣場可以以建築物爲界限，分爲店鋪內部環境及外部環境。店鋪外部環境主要包括店鋪的外觀造型、店面、櫥窗、店頭廣告招牌以及店鋪四周的綠化等；店鋪內部環境是指店鋪內部空間的布局及裝飾，主要包括商品的陳列或展示、貨架櫃台的陳設組合、POP廣告、娛樂服務設施以及空間的美化裝飾等。

(二) 賣場的重要性

對一家商店而言，開店的步驟順序包括部門規劃、商品規劃賣場規劃及賣場布局四個環節。對於現代商場，商品的組合非常重要，但影響顧客購買的另一個重要因素，便是購物的環境與場所。賣場設計直接影響到企業的效益，其歸結於賣場能直接影響顧客的購買行爲，例如進店與否以及在店內逗留時間的長短；賣場設計還能對顧客的心境產生作用，優美宜人的賣場環境不僅能促進現場銷售，而且對顧客完成購買後的情緒體驗產生一種積極的心理影響，增強顧客對企業的忠誠感；賣場還直接作用於企業的營業人員，優美宜人的賣場能使營業員心情舒暢、精神飽滿，大大提高工作效率與服務品質；除此之外，賣場也是企業文化的生動表現。賣場設計與企業行爲共同組成有機的整體，反映了商家的經營思想、情趣和格調。優美、整潔、輕鬆、愉快的賣場，愈來愈成爲企業樹立優良形象的關鍵因素。

在激烈的市場競爭中，賣場建設是幫助商店經營者留住顧客，取得佳績的有效手段之一。賣場的優良設計與建設是商店爭取顧客、擴大銷售及提高市場占有率的有效競爭手段。國外有關資料指出，三分之二的顧客是在賣場中臨時做出購買決定。這說明三分之二的顧客的購買行爲完全取決於購物環境及商品對他們的吸引力，而對於另外三分之一的有計劃購買者，優美的賣場則可能使他們在理性購買的基礎上，增加感性購買的成分，提高購買量。所以，賣場的設計應完全從顧客出發，充分考慮顧客的需求，賣場規劃與布局的好壞與否對於一家商場是否成功至關重要。

二、餐館賣場的概念

賣場的概念引用至餐館，是指餐館的營業場所，即顧客與餐飲產品供應者產生「交易」，並且進行消費的場所，不僅包括餐館的位置、餐館的店面外觀及內部空間、色彩與照明、內部陳設及裝飾布置等，也包括影響顧客用餐效果的整體環境和氣氛。

用原本應用於零售業的「賣場」一詞來指稱一家餐館的營業場所，這裡強調的重點是「銷售」。顧客購買餐飲產品的地點是在餐館，進行消費是在餐館，餐飲產品提供者對產品的生產同樣也發生在餐館。餐飲產品具有一項非常特殊的同時性，即產品的銷售、購買、生產、消費可以說是同時發生的，也是在同地發生顧客一進餐廳所見到的、聽到的、觸摸到的一切，都對他的購買行爲產生影響，也可以說，一個前來用餐的顧客一進餐館大門就已經在消費，而這種消費一直要延續到用餐結束後步出大門時服務人員的送客身影。餐飲產品的銷售及消費過程並不僅僅是從點菜開始至結帳結束。一次愉快的消費過程將使顧客在消費後的一段時間內依然回味無窮，這種因爲消費產生的愉悅感將一直延續，致使顧客再一次跨入餐館的大門。所以說，現代餐館不只是出售餐飲產品，同時也出售溫馨的感覺、愉快的體驗、得心應手的滿足感以及對未來的「憧憬」。

影響餐館經營的因素很多，但最關鍵的是什麼呢？從顧客角度而言，他不會去關心餐館的管理水準如何，也不會去研究餐館的經營手段如何，他最關心的是餐館的食品品質及賣場環境。享受美食可以在家中請廚師上門，但一家出色餐館的賣場用餐氣氛卻無法在家中享受到。聰明的餐飲業主將會透過無與倫比的賣場與美食緊緊抓住食客的心與胃，成爲競爭中的贏家。隨著餐飲業的不斷發展，人們對生活服務要求的不斷提高，餐館的賣場設計也不斷躍上新的水準，並越發顯示出它的重要性。

三、餐館賣場設計的重要性

顧客前來餐館用餐，不僅爲了獲得餐飲產品的使用價值以滿足某種生理需求，同時也希望獲取一種美好的享受以及一份愉悅的心情。顧客選擇餐館，不僅要看菜餚食品所能帶給他的滿意程度，還關注用餐環境及賣場的服務品質、服務氛圍。隨著餐飲業不斷走向成熟，餐館的種類、數量、規模不斷增加，餐飲業競爭正日益激烈化。爲了更好地適應競爭、滿足特定顧客，營造宜人的餐館賣場將成爲餐館經營者占領目標市場的重要手段之一。餐館賣場設計的重要性，可以從以下幾個方面進行分析：

(一) 從餐飲消費的趨勢看

■餐飲品質的衡量標準變化

人們對餐點品質的要求不再只停留在果腹的階段，除了能滿足人的視覺、味覺、嗅覺等方面的要求，即色、香、味、型四字衡量標準以外，已擴展爲十字標準，即色、香、味、型、皿、量（講究營養搭配）、潔、質、境（用餐環境）、情（富於情趣），以及十二字標準，即色、香、味、型、滋（口感——爽、滑、嫩、脆）、養（營養）、聲（聲音）、器、境、服（服務）、續（售後服務或後續服務）。由此可見，人們對餐飲品質的衡量已從低品質

概念擴展到高品質概念。從關注單一的菜餚品質擴展到對整個用餐環境、服務情境的高度要求。因此，賣場氛圍是否良好，是否符合顧客的消費心理，也成為消費者選擇餐館的重要條件。

■求新求異消費心理刺激

在物質水準不斷提高，物質產品豐富的條件下，人們求新求異、喜新厭舊的心理需求得到進一步刺激。餐館為了迎合消費者的這種需求，只有不斷推陳出新，一方面在保持原有經營特色基礎上，不斷開發餐飲新產品。有些餐館的宣傳標語就是「日日有新菜，周周有驚喜」，還有一些餐館每隔兩個月就更換廚師，以保證回頭客的新鮮感。

但是，光在菜色上常變常新還只是經營策略的一方面，「新」和「異」不僅可以呈現在菜餚上，也可以呈現在服務方式、服務氛圍，以及用餐環境上，這一切，都可簡單稱之為餐館的賣場氣氛。不同消費者對用餐方式的要求不一，有的消費者講究排場，而有的消費者力求自由、簡單；有的消費者追求熱鬧的氣氛，而有的消費者則嚮往清雅的環境。但無論如何，求新、求異、求方便、求享受是如今大多數消費者一種共同的心理。

消費者求新奇、趕新潮的心理驅使一些餐館一改原先傳統的餐桌服務、點菜服務方式，追求進餐方式的創新與變革，創造不同的服務氣氛，以適應不同消費者的差異需求。例如一些餐館改看單點菜為看菜點菜；改廚房烹製為現場烹製表演；改廚師烹製為顧客與廚師共同烹製；將以往傳統的純餐飲消費改為休閒娛樂與餐飲相結合的消費；將以往青春靚麗的迎賓小姐改為白髮鬢鬢極具紳士風度的老先生等。除此之外，在用餐環境上，餐館經營者也紛紛使出各路法寶，積極創新。例如有的餐館抓住目前的復古潮流，在餐館設立陳列廳，展示舊式家具；也有的餐館在豪華包廂設置檯球桌，滿足高級客人的消費需要；還有的餐館將目光投向兒童，在賣場內開闢兒童樂園。向顧客提供更舒適和人性化的用餐環境。

(二) 從餐館賣場本身的性質看

■賣場選址是首要環節

現代飯店的鼻祖斯塔特勒（Statler）在總結成功經驗時，有一句至理名言：「第一是地點，第二是地點，第三還是地點」。地點是飯店經營的首要因素，餐館同樣如此。孫子曰：「凡用兵之法……圮地無舍，衢地合交，絕地無留，圍地而謀。」孫子在這段話中強調了地利在作戰中的重要性。用在餐館經營上，則是要根據不同地理環境和不同區域的市場形勢，有選擇地進行投資。「圮地無舍」，就是在較偏遠、無市場潛力、交通不便、外部環境不好的地方，不宜開店，尤其是餐館。「絕地無留」，是指如果不慎盲目地開了一家餐館，經過一兩年的市場開發，仍然虧本，那麼就要及早調整，在適當的地方重新開始，「圍地而謀」，是指如果餐館位居繁華熱鬧地帶，但同業競爭者甚多，狹路相逢時，唯有以計謀經營，出奇制勝。

賣場選址是賣場設計的第一步，是一項長期投資，同樣也是餐館經營成功的首要條件。兩個同規模同等級的餐館，即使餐點菜色、菜餚品質、服務水準、管理水準、促銷手段等方面大致相同，但僅僅由於所處的地址不同，經營效益就有可能大相逕庭。連鎖餐館由於賣場選址的差異，其經營效益往往差異很大，這也證實了賣場選址對餐館經營的重要性。

■賣場形象是第一商品

餐館的賣場形象是影響餐飲企業形象的重要因素，是企業的第一商品，主要由餐館的外觀形象及店內形象構成。現代社會，餐飲企業出於競爭的需要，愈來愈重視形象的設計，導入CIS（Corporation Identity System）系統。其中視覺識別（Visual Identity）指根據企業具體化、視覺化的表達形式，對企業進行識別。在CIS系統中，VI是CI的臉面，是CI系統中最直觀、最容易被公眾接受的部分，也是最富有創意的部分。餐館建築、餐館標誌、店名等構成餐館帶給公眾的具體化、視覺化的外觀形象，也是給予公眾最初的視覺接觸點。市場學專家第・雅吉（D. Jaggi）說過：「外觀是人們對一件事的印象。」餐館的賣場形象在一定程度上呈現了該餐館的風貌，是賓客對餐館整體形象的主要構成部分。良好的賣場形象是餐飲企業潛在的資產，是餐飲產品銷售的先驅。如果說，餐館外觀形象構成公眾對餐館形象的第一印象，那麼餐館店內賣場形成的氛圍，則更容易讓顧客感受到經營者的理念方針以及對賓客的尊重程度。

・外觀形象

餐館的外觀形象包括餐館的建築外形、尺度、線條、色彩設計等，例如餐館的門窗裝飾、招牌、人物造型、廣告牌、霓虹燈、海報等，都是構成餐館外觀形象的基本要素。餐館的外觀形象往往決定了顧客對餐館的第一印象，製作精美的外觀裝飾是美化營業場所、裝飾店面、吸引顧客的重要手段。

・店內形象

如果說餐館的外觀形象是先導，店內形象則是影響顧客心理的至關要素。店內形象應與餐館外觀形象相協調，並且符合餐館的營業風格及要求。餐館的內部形象受餐館的內部空間、座席空間、光線、色調、聲音、溫度、濕度、空氣清新度等要素影響。

■賣場環境決定餐館功能的實現

餐館賣場營造首先從餐館的功能布局規劃開始，合理的布局規劃是賣場設計的基礎，也是餐館日後賴以正常營業的必要條件。一些餐館在進行賣場布局設計時，未做好周密的市場調查，對顧客的眞正需求不夠重視，結果使餐館服務功能空間的配置比例不當，導致客人動線與服務動線的設計不合理；或者只重視主要服務區域的設計，忽視了輔助區域，嚴重影響餐館業務正常運轉及經濟效益的實現。

■賣場環境影響顧客與員工的心境

賣場環境不僅影響餐館功能的實現，還會作用於顧客與員工的心境上。優美宜人的賣場不僅使顧客在用餐時心情保持愉快，而且對顧客完成購買後的情緒體驗產生一種積極的心理影響，使其對餐館產生深刻而良好的印象，從而增強顧客長期惠顧的心理和動機；同時，賣場環境也直接作用於餐館的工作人員。舒適明快的餐館賣場能使員工心情舒暢、精神飽滿，從而提高工作效率及服務品質，直接影響顧客的用餐情緒，使行銷工作形成一種良性循環。

■賣場環境呈現我國餐飲傳統

我國歷來有注重餐飲環境與氛圍的傳統，唐宋以來，茶樓飯館大都依湖傍河，布局爲園林式建築，餐廳坐落於水榭花台、竹徑迴廊之間，空氣清新，氣氛幽雅。唐代詩人王勃在《滕王閣序》中言「四美具、二難并」，所謂「四美」指良辰、美景、賞心、樂事，「二難」指賢主、嘉賓，圓滿的宴席必須具備這六個條件。兩宋時，市井飲食文化達到高峰，京城大道邊，茶坊、酒樓、餐館林立，都十分注重裝飾門面，精心布置廳堂雅室，給人以悅目舒適之感，孟元老的《東京夢華錄》中道：「諸酒店必有廳院，廓廡掩映，排成小閣子，吊窗花竹，各垂簾幕。」從中可看出我國古代對於進餐環境的注重。

■賣場是營造文化與企業經營特色的重要主體

現今社會經濟迅速發展，人們生活水準不斷提高，同時消費者對企業產品的文化內涵愈來愈注重。現代化的餐飲經營除了提供高品質及具有特色的菜餚及酒水飲料外，還要爲顧客提供滿意的服務及優秀的用餐環境，並使顧客感受到不同的民俗文化與飲食文化。從餐飲企業在市場上運作的角度來區分，第一個層次的競爭是價格競爭，這是最低層次也是最普遍的競爭方式；進一步上升到品質競爭；達到最高層次則是個性與文化的競爭。飲食本身具備著文化功能，我國的飲食文化由於歷史悠久及疆域廣博有著更爲豐富多姿的內容；另一方面，餐館的室內裝飾與布置同樣也可富有文化內涵。現代餐廳已經不僅僅是供應食品飲料的場所，更是一個包括宴會、社交、休閒、娛樂等功能的多元化場所。消費者進行餐飲消費，本質上也是購買文化、消費文化及享受文化，餐飲企業也是生產文化、經營文化和銷售文化的企業。在新世紀，對文化內涵的注重將成爲競爭的起點，起點高則發展餘地大；注重文化內涵也成爲競爭的主要手段，手段強則力度大。隨著經濟發展及顧客的逐漸成熟、消費觀念的不斷變化，餐飲企業更應注重個性與文化的發揚和發展。滿足顧客的個性需求，起點在於對顧客更深層次的尊重與關懷，這種關懷與餐飲企業文化的建設與營造同樣息息相關。

餐館賣場除了滿足餐館經營功能上的需要外，也是餐館企業文化的重要主體。因此，賣場設計應力求呈現文化內涵，只有讓每一種文化的滲透與呈現都經過精心選擇與設計，才能滿足品味日益增高的賓客需求。無論從賣場整體設計、餐館外觀、室內空間分隔、色彩照明設計等方面，都可以展現出特定的文化氛圍。一些老字號餐館由於悠久的歷史背景及建築的保存價值，被列入文物保護單位；一些餐館賣場以其特有的文化氣息及藝術魅力，成爲遊客觀光的景點。這些餐館已從單純的消費場所轉爲吸引遊客的旅遊資源，成爲城市的一道景觀。

(三) 從餐館賣場的銷售作用看

賣場之所以稱爲賣場，在於它是進行商品銷售的場所。同樣，餐館賣場是餐飲產品的銷售場所，是餐飲企業營利的重要陣地。因此，除了創造舒適的用餐環境以外，如何創造良好的銷售氣氛，利於顧客消費及產生追加消費，是餐館賣場設計的另一重要目的。

眾所周知，餐飲業產品具有同時性的特點，即餐飲賣場的銷售、生產及消費是同時發生，也是同地進行的。因此，餐館賣場的銷售氛圍直接影響客人的購買行爲，例如是否購買、購買的數量及購買金額的大小等。如果餐館的賣場注重營造銷售氛圍，合理設計及布置各類賣場廣告，增加餐飲產品訊息的可及性，設計各類促銷活動，使現場充滿感染力，將極有利於顧客的即興消費及追加消費，從而增加餐館產品的銷售額及銷售收入。

■賣場廣告促銷作用

賣場的各類招牌、海報、布景、菜單、特色食品的推薦等，無疑對促進產品銷售有著巨大的作用。賣場廣告是一個龐大的家族，它們相互配合，構成一支強大的「推銷員」隊伍。賣場廣告以多種形式，具體生動地向顧客宣傳展示餐館菜色及主打產品、新產品、特色產品等，引導顧客進行現場購買、衝動購買。

■賣場人員促銷作用

餐館服務人員的推銷技巧對於餐館產品的銷售至關重要，是構成良好的餐館賣場銷售氣氛的重要因素。這裡所指的餐館服務人員不僅包括負責點菜服務的員工，也包括其他在現場與顧客接觸的全體餐館工作人員，例如領位員、服務員、飲料管理員、現場表演的廚師以及收銀員等。餐館的每一位員工都是「推銷員」，他們的形象、他們的服務態度及服務技巧，都是對餐飲產品進行推銷的重要工具與手段。服務員的個人儀容儀表、著裝是否整潔、大方，服務員的舉止、言談是否得體，服務員在整個接待過程的各個環節中，對顧客服務及對餐館的產品及服務介紹是否周到，都將極大地影響整個餐館產品的銷售情況。

■賣場活動促銷作用

在餐館現場舉辦各式各樣的促銷活動是爲達到宣傳廣告的目的，策劃具有話題性又能吸引顧客參與的方法。這些活動既可增添餐館賣場的活躍氣氛，又能有效地推動餐館銷售。例如進行特殊活動推銷、展示推銷、贈品推銷以及針對某顧客群的活動推銷等，只要策劃得當、進行順利，這些在餐館現場舉辦的活動往往能收到良好的效果。

顯而易見，一家不重視賣場設計的餐館與另一家經過精心構思設計的餐館相比，效果是大相逕庭的。好的賣場設計不取決於投資的多少，設計構思才是關鍵的因素。金帛綢緞固然華麗，然而鄉間土布也別具風采。材料、樣式、色彩布局，每一環節都反映了設計者的構思，巧妙的選擇與合理的配置，將使低投資與高效益成爲眞實。同時。注重現場銷售的餐館會積極營造有效的銷售氣氛，利於產品的現場銷售、即興消費及追加消費。同樣的，主題突出、富有特色的賣場設計會給顧客留下深刻的記憶，顧客是餐館最好的宣傳者，他們的口碑稱讚會爲餐館贏得良好的聲譽，有助於餐館在行業的激烈競爭中立於不敗之地。

第二章

餐館賣場設計的原則、內容與相關學科

由於餐館本身的經營管理以及餐飲產品的特性，餐館賣場的設計必須依據一定的原則與理念，成功的設計源自正確的指導思想與原則。同時，這些特性也決定了餐館賣場設計的包羅萬象，內容繁多，並且關係到多種相關學科。

第一節　餐館賣場設計的理念與原則

掌握正確的理念與原則是餐館設計的先導，如果缺乏正確的思想與原則，那麼餐館賣場的營造無疑將走向失敗，這也意味著這家餐館今後的經營和運轉將面臨障礙，最終走入困境。

一、顧客導向原則

賣場的設計首先應根據市場定位，在顧客導向的前提下進行。從籌劃開一家餐館到餐館正式開業之間的階段，會有很多工作內容，例如資金的籌措落實、投資回報分析、可行性分析、市場調查、市場區隔、目標市場的確定、餐館選址、賣場設計、人員及設備物品的配備等等。但就整體而言，一家企業得以在市場立足與發展，其根本在於是否受到顧客歡迎，產品是否以顧客爲導向。「賣場」是爲顧客的，這是經營餐館的大原則。經營成功的餐館，是從顧客的需要和喜好出發，依據「爲顧客而設置」的原則擬訂計劃，並加以實施的餐館。而那些無視顧客需求，只根據經營者或設計者個人喜好設置的賣場則會走向失敗。「顧客導向」應該眞正去了解顧客的需求，從最根本上給予顧客關懷。某些餐館一味追求豪華材料的堆砌來強調高級，而忽視了生態環境的需要。某些餐館走進了高級的迷思，認爲只有強調賣場的金碧輝煌、豪華氣派，才能吸引客人，似乎必須採用高級進口材料、水晶吊燈，才能帶給客人高級的享受，卻沒有注意到客人眞正的需要，沒有體認到爲顧客創造一個好的生態環境的重要性。

二、注重符合性及適應性原則

（一）符合性

賣場設計是餐館經營的基礎環節，其中包括店址確定、餐館環境設計、平面設計、空間設計、造型設計及室內陳設設計等等。這一切都必須以餐館需要滿足的功能爲依據，都必須以餐館的經營理念爲出發點。脫離餐館經營理念與宗旨的賣場設計是不成功的設計，這也是賣場設計脫離市場定位造成的弊端之一。不同等級、規模、經營內容及理念的餐館，其賣場設計的重點與原則也各有不同。

餐館賣場設計還應考慮到投入與產出之間的關係，即整個餐廳的裝飾用材應符合餐館的經營層級及規格。賣場裝飾布置的最終目的是獲得最大範圍的顧客青睞及擴大銷售量，增加收入。所以，如果盲目追求用材的高級化、貴族化，由於缺乏親和力，反而會疏遠顧客。好的效果不是靠高級材料堆砌而成，而是在於巧妙的構思及創意。

（二）適應性

餐館賣場設計還應注意與當地環境的相互適應。社會環境是每個餐飲企業賴以生存和發展的外部基礎與條件，餐飲企業愈發展壯大，對社會環境的依賴性就愈強，來自社會環境的任何變化都會對餐飲企業經營造成衝擊。餐館所在的周邊社區環境是組成社會環境的重要部分，周邊環境通常被顧客認爲是構成餐飲服務內涵的必要組成部分。賣場設計一方面要尊重顧客的偏好，另一方面也要考慮當地的環境。設計賣場時，必須配合餐館所在地的環境條件，否則也會失去顧客。換句話說，不考慮土地、環境、氣候等因素，尤其是周邊居民的生活情況，就不能使業績蒸蒸日上。周邊環境是賣場設計的基本限制因素，要做到對環境瞭如指掌，並予以恰當的配合。

三、突出方便性、獨特性、文化性、靈活性原則

(一) 方便性

賣場設計除了要注重顧客的需要以外，還必須考慮如何方便服務與管理。沒有滿意的員工就沒有滿意的顧客，缺乏有效的管理，同樣難以形成井井有條的服務秩序及收到良好的服務效果。特別就餐廳而言，產品及服務的生產、銷售及消費基本上是在同一時間，並且是在同一場所發生的，顧客動線與員工動線緊密聯繫，無法割捨。所以，在考慮顧客的同時，也應同時考慮如何盡可能地方便員工及管理者。

(二) 獨特性

餐館賣場設計的特色與個性化是餐館取勝的重要因素。賣場設計與餐館營運的脫節、主題性的缺乏，使一些餐館的賣場設計顯得比較平庸，因過分地趨於一致化或追求某些略帶盲目的「潮流」而缺乏個性和特色。缺乏風格特色和文化內涵的餐館，也就缺少了行銷的「賣點」和「焦點」，只能流於千篇一律的雷同和俗套。盲目堆砌高級裝修材料，忽視個性風格塑造和文化特徵，

對餐館賣場設計是大忌，對整個餐飲企業的發展也是不利的。日本是世界上年人均消費最高的國家之一，其餐飲店非常注重呈現特色與個性，刻意營造特有的風格和氛圍，將之視爲生財的要訣。例如東京的「音響街」餐廳，賣場設計爲適合年輕人的新潮風格，平時爲快餐店，到周末、節假日則變成可欣賞音樂與電影的新潮屋。「古典」咖啡屋用特別的竹針播放音樂，並展示店主精心收藏的數千張唱片、老式留聲機、手搖電話機等。「書香」餐飲店內環境雅致靜謐，備有報刊、雜誌、書籍，供客人享用書香伴餐。「購物休閒」餐飲店以家庭主婦爲服務對象，供家庭主婦們在逛街後與三五好友聊天、消遣。

（三）文化性

隨著經濟的發展，社會文化水準的普遍提高，人們對餐飲消費的文化性要求也逐步提高。世界飯店業發展趨勢是飯店產品文化內涵的不斷提升，透過文化氛圍的營造與文化附加價值的追加來吸引顧客。這對餐飲業而言，同樣適用。餐館賣場的文化風格設計應與餐館的市場定位相匹配，與餐飲企業的企業文化相呼應。無論從餐館建築外形、室內空間分隔、色彩設計、照明設計乃至陳設品的選用等，都應充分展現具有特色的文化氛圍，幫助餐飲企業樹立形象與品牌。

（四）靈活性

餐館的經營秘訣在於常變常新，這一方面呈現在菜餚口味的更新上，另一方面也呈現在餐館賣場設計的靈活調整上。因此，在設計餐館賣場時，應注重靈活性，保持賣場活力。正如人需要不停息地進行新陳代謝一樣，賣場也需要常常補充新鮮的成分。根據經常性、定期性、季節性以及與菜餚產品更新的同步性、適應性原則，透過對餐館賣場某些方面如店面、店內布局、色彩、陳設、裝飾、賣場廣告設置等合適的調整變更，達到常變常新的效果。

四、多維設計原則

賣場是餐館經營者向顧客提供餐飲產品及服務的立體空間，不僅包括二維設計及在此基礎上形成的三維設計，也包括四維設計及意境設計，亦即以人爲服務對象，產品具有高情感性特徵的餐館賣場設計。

(一) 二維設計

二維平面設計是整個賣場設計的基礎，它是運用各種空間分割方式來進行平面布置，包括餐桌或陳列器具的位置、面積及布局、客人通道、員工通道、貨運通道的分布等。合理的二維設計是針對供應餐飲產品的種類、數量、服務流程、經營的管理體系、顧客的消費心理、購買習慣以及賣場本身的空間大小等各種因素，進行統籌考慮形成的量化平面圖。例如根據人流、物流的大小方向、人體力學等來確定通道的走向與寬度；根據不同的消費對象分割不同的消費區域。例如散客大廳區、禁煙區、兒童遊戲區、豪華包廂區、等候休息區等。

(二) 三維設計

三維設計即三度立體空間設計，它是現代化餐館賣場設計的主要內容。三維設計中，針對不同的顧客及餐飲經營產品，運用粗重輕柔不一的材料，恰當合宜的色彩及造型各異的物質設施，對空間界面及柱面進行層次有致的劃分組合，創造出一個使顧客從視覺與觸覺都感到輕鬆舒適的用餐空間。例如採用帶銅飾的黑色噴漆鐵板裝飾餐廳中的柱子，能造成堅毅而豪華的氣勢，較適合提供商務套餐的商務型餐館；而採用噴白淡化裝飾，用立面軟包設計圓柱，則更易創造出溫馨的環境，適合於以白領女性或家庭爲對象的餐館。

（三）四維設計

四維設計是時空性設計，它主要突出的是賣場設計的時代性與流動性。賣場設計需要順應時代的特點，隨著人們生活水準、風俗習慣、社會狀況及文化環境等因素變遷而不斷標新立異，時刻走在時代的前端。同時，賣場設計還應具有流動性，即在賣場中運用運動中的物體或形象，不斷改變處於靜止狀態的空間，形成動感景象。流動性設計能打破賣場內拘謹呆板的靜態格局，增強賣場的活力與情致，活躍賣場氣氛，激發顧客的購買慾望及行爲。餐館的動態設計可以呈現在多方面，例如餐館內美妙的噴泉、顧客在賣場中的流動、不斷播送各類餐點訊息旋律的電子螢幕以及旋律優美的背景音樂等。

（四）意境設計

意境設計是餐館賣場形象設計的具體表現形式，它是餐館經營者根據自身的經營範圍和菜單、經營特色、建築結構，環境條件、顧客消費心理、管理模式等因素，確定企業的理念信條或經營主題，並以此爲出發點進行相應的賣場設計。一般透過導入企業形象策略來實現意境設計，例如按企業視覺識別系統中的標識、字體、色彩而設計的圖畫、標語、廣告等，均屬意境設計。意境設計是賣場整體設計的核心和靈魂。

第二節　餐館賣場設計的內容與相關學科

餐館由於本身的特性與經營內容的複雜性，賣場設計的內容較為繁雜，所相關的學科也比較廣泛。

一、餐館賣場設計的內容

餐館賣場設計涉及的範圍很廣，包括餐館選址、餐館室內外設計、陳設和裝飾等許多方面。

（一）賣場設計的基本內容

餐館賣場設計的基本內容可以從兩個角度來進行劃分。從空間位置上，餐館賣場設計的內容主要分為餐館外部賣場設計及餐館內部賣場設計，具體包括下列幾點：

■餐館外部賣場設計

1.餐館選址。
2.餐館外觀造型設計。
3.餐館標識設計。
4.餐館門面設計。
5.餐館櫥窗設計。
6.店外綠化布置。

■餐館內部賣場設計

1.餐館室內空間布局設計。

2.餐館動線設計。
3.餐館主體色彩設計。
4.照明的確定與燈具的選擇。
5.家具的配備、選擇和擺放。
6.地毯及其他裝飾織物的選擇和鋪放。
7.餐具的選擇和配備。
8.室內觀賞品、綠化飾品的陳設。
9.服務流程與服務方式設計。
10.員工形象及服飾設計。
11.餐館促銷用品設計。
12.餐館促銷活動設計等。

(二) 賣場設計的應變內容

除了以上的基本內容以外，賣場設計還有一個重要環節，即是為餐館在特定時間或特殊活動發生時，進行配合的賣場設計。常見的有：

1.各式宴會賣場設計。
2.傳統節日賣場設計。
2.店慶賣場設計。
4.美食節賣場設計。
5.主題活動賣場設計等。

二、餐館賣場設計的相關學科

做好餐館的賣場設計必須具備許多方面的知識，茲詳述於後：

(一) 餐飲專業類知識

餐飲企業經營、管理、服務方面的專業知識;顧客的飲食消費心理、消費行爲方面的知識;相關的飲食文化、民俗文化等方面的知識。

(二) 裝飾美學類知識

實用美學、空間、色彩的知識,以及它們在人們生活中的地位和作用;家具的不同功能和風格;照度和燈具風格、織物的性能和裝飾效果;室內觀賞品、藝術品的有關知識,包括它所包含的文化、歷史、藝術、宗教意義等;綠化的作用、形式與裝飾效果等。

(三) 其他相關學科

例如環境學、心理學、行爲科學、人類工程學、民俗學等一系列學科,都對餐館的賣場設計有相當的指導作用。

三、餐館賣場的分級與設施

根據大陸現行的《飲食建築設計與規範》(JGJ64-89),將餐飲企業分爲餐館與飲食店兩類。

(一) 餐館

餐館以經營正餐爲主,同時可附有快餐、小吃、冷熱飲等營業內容。例如各類中餐館、西餐廳等。餐館分爲三級:

1.一級餐館:爲接待宴請和便餐的高級餐館,餐廳座位布置寬敞，環境舒適，設施與設備完善。

2.二級餐館：爲接待宴請和便餐的中級餐館，餐廳座位布置比較舒適，設施與設備比較完善。

3.三級餐館：以接待便餐爲主的一般餐館。

（二）飲食店

飲食店不經營正餐，多附有外賣點心、小吃及飲料等營業內容，例如咖啡廳、茶館、小吃店等。飲食店分爲兩級：

1.一級飲食店：有寬敞、舒適環境的高級飲食店，設施與設備標準較高。

2.二級飲食店：一般飲食店。

不同等級的餐館與飲食店的建築標準、面積標準、設施水準等見**表2-1**。

表2-1　中國大陸飲食建築分級與設施

類別	標準及設施		級別：一	二	三
餐館	服務標準	宴會	高級	中級	一般
		高級	高級	中級	一般
	建築標準	耐久年限	不低於二級	不低於二級	不低於三級不
		耐火等級	不低於二級	不低於二級	低於三級
	面積標準	餐廳面積／座	≧1.3平方公尺	≧1.1平方公尺	≧1.0平方公尺
		餐櫥面積比	1：1.1	1：1.1	1：1.1
	設施	顧客公用	較全	尚全	基本滿足
		客用廁所	有	有	有
		客用洗手間	有	有	無
		廚房	完善	較完善	基本滿足
飲食店	建築環境	室外	較好	一般	
		室內	較舒適	一般	
	建築標準	耐久年限	不低於二級	不低於三級	
		耐火等級	不低於二級	不低於三級	
	飲食店面積／座			≧1.3平方公尺	≧1.1平方公尺
	設施	客用廁所	有	無	
		洗手間	有	有	
		飲食製備間	較完善	基本滿足	

第三章

餐館賣場外部設計

餐館賣場設計的成敗要根據各項設計要素是否得到滿足來衡量判斷，餐館外部賣場設計的主要內容包括餐館選址與餐館外觀設計等方面。餐館的選址是餐館設立及籌建時考慮的首要問題，好的地點等於成功的一半。而餐館的外觀設計帶給人的第一印象，即代表著餐館的形象。所以，餐館成功的選址與外觀設計是餐館賣場成功設計的先決條件。

第一節　餐館選址

「酒香不怕巷子深」的古老經商哲學，已開始受到愈來愈多人士的質疑，現代餐館賣場設計著重賣場所在的地理位置研究，包括對附近商業環境、交通狀況、顧客消費圈、競爭者情況、自然環境等各個環節的綜合考慮和理性分析。

一、餐館賣場選址考慮因素

影響餐館賣場選址的因素很多，其中城市商業條件因素、店鋪位置條件及店鋪本身因素等是主要因素。

(一) 城市商業條件因素

餐飲企業的發展，與社會經濟發展緊密聯繫。人均收入水準、商品供應能力、交通運輸條件、投術設施狀況及人們的消費習慣、消費觀念都對餐館的經營有直接影響。這裡所指的城市條件涵蓋下列幾項：

■城市類型

餐館所在城市是否屬於工業城市、商業城市、中心城市、旅遊城市、歷史文化名城或是新興城市，是否屬於大城市或是中等規模城市或是小城市。

■城市能源供應及設施情況

能源主要指水、電天然氣等經營必須具備的基本條件，在這些因素中，水的品質尤為重要，因為水質的好壞直接影響到烹調的效果。城市的公共設施是否完備也會影響到對消費者的吸引力。

■交通條件

交通條件是指整個城市的區域間及區域內的總體交通條件。

■城市規劃情況

指城市新地區擴建規劃、街道開發計畫、道路拓寬計畫、高速或高架公路建設計畫、區域開發規劃等，這些因素都會影響到餐館未來的商業環境。而且區域規劃往往會涉及到建築的拆遷和重建，餐館也許會因此而失去原有的地理位置，甚至面臨拆遷。例如有的餐館在選址時未對城市及區域規劃情況做必要的了解，結果開張不久，由於餐館前面的道路拓寬，原先的停車場被迫取消，而使得很多駕車前來的老顧客消失了。

■地區經濟

地區商業經濟的增長情況，以及不同類型的各地區商業發展的方向、經濟增長的模式等。

■消費者因素

包括人口、收入、家庭組成、閒暇時間的分配、外出用餐的頻率、消費習慣、消費水準、飲食口味及偏好等。

■旅遊資源

此因素主要影響過往行人的多寡、遊客的種類等。因此對旅遊資源一定要仔細分析，綜合其特點，選擇恰當的位置及餐館經營的菜色種類。

■勞動力情況

這個因素中包括對當地勞動力的來源、技術水準、年齡和個人適用性的考量。

（二）店鋪位置條件

■街道類型

是主幹道還是分支道，人行道與街道是否有區分，道路寬度，過往車輛的類型以及停車設施等。

■客流量與車流量

是指餐館門前通過的客流量及車流量的估計值，其中應注意按年齡和性別區分客流量，並按時間區分客流量與車流量的高峰值與低谷值。

■地貌

指餐館所在位置表層土壤和下層土壤的情況。例如坡度和表層排水特性都是一個地區建築物的重要特徵與組成部分。

■地價

雖然一個店址可能擁有很多令人滿意的特徵，但是該區域的地價也是不可忽視的重要因素。

■區域設施的影響

分析經營區域內的其他設施會對業務經營產生重要的影響，這些設施包括學校、電影院、歌舞廳、商業購物、辦公大樓、體育設施、交通設施和旅遊設施等。

■競爭

對於競爭的評估可以分爲兩個不同的部分來考量。提供同種類型菜色服務的餐館可能會導致直接的競爭，屬於消極因素；但是另一方面競爭者的存在對整個商業圈的繁榮也會有促進作用，這就是人們所指的「商圈共榮」。這種選址方式利於原料儲藏、人員調配及管理，追求「共榮」效應。

除了分析直接競爭因素外，非直接的競爭因素也應加以重視。例如一些提供不同菜色及服務的餐飲企業，淨菜服務店，甚至超市的存在，對餐飲企業也會構成間接的影響。對競爭因素進行分析可以使用競爭指數分析法，針對競爭對手的生產效率和適銷程度進行分析。餐館每周競爭指數指餐館每周每個座位的接待顧客人數。競爭人數愈大，表示該餐館的競爭性愈強。

（三）店鋪本身條件

■店鋪的租金及交易成本

店鋪的租金以及交易成本都是決定賣場選址的重要因素。

■店鋪的停車條件

當駕車前來用餐的客人愈來愈多時，便利的停車場所也被列爲餐館經營的必要條件。

■原料進貨空間

對餐館來說，原料進貨空間的充足同樣也是選址時需要考慮的一重要因素。

■店鋪安全性及衛生條件

指餐館店面安全性、防火及垃圾廢棄物處理條件。

■餐館可見度

餐館可見度是指餐館位置的明顯程度。要考慮是否客人從任何角度看，都能發現餐館的存在。餐館可見度是從各地駕車或徒步行走的角度來進行評估。餐館可見度直接影響餐館對顧客的吸引力。

■餐館規模及外觀

餐館位置的地形以長方形及正方形較佳，土地利用率更高。在針對地點的規模及外觀進行評估時，也要考慮到未來消費的可能性。

二、餐館選址方法

餐館店址選擇需要周密的計畫，並且進行審慎的定性、定量分析。這是一個須按科學程序執行的預測、決策過程。餐館籌建規模愈大，這個過程就應愈嚴格精密。下面介紹幾種餐館選址方法。

(一) 塞拉模式

塞拉模式是由奧克拉荷馬大學弗朗西斯．塞拉教授為餐館設計的。塞拉教授與奧克拉荷馬餐館協會簽訂合約，爲餐館的經營設計模式，借助電腦來模擬餐館經營，判斷餐館可能達到的銷售額。塞拉認爲，他的模式能以5％左右的誤差預測餐館的銷售額。他的模式最初是爲下列五種餐館設計的：一般餐館、自助餐館、路旁餐館、特種餐館以及漢堡店。設計模式所需的訊息資料是從奧克拉荷馬州居民的各種有關經驗中提取的。

模式設計的理論基礎是，如果決定一家餐館銷售額各種因素的重要性，可以根據它們對銷售的影響而確定，那麼只需幾分鐘就能從電腦預測到那家餐館所應達到的銷售額。影響銷售額的幾個明顯因素是：

1.預備建造或已在經營的餐館附近的居民情況以及他們的收入。
2.該地區競爭對手的數量。
3.該地區的交通流量。
4.餐館經理的能力。
5.已進行的廣告宣傳。
6.餐館建築物的外觀及類型。

（二）CKE餐館選址法

CKE模型是由卡爾．卡切．恩廷（Carl Karch Ent）設計的。此一模型是透過掌握充分的市場資料，運用多元迴歸分析法來預測和評估某一餐館的位置優劣。

■需要的有關數據

對於某一餐館的位置來說，要進行評估必須獲得如下有關本區域內的數據：

1.附近街道上每天的車輛數。
2.某區域內所有餐館的座位數。
3.本區域內藍領工人所占比例。

4.十分鐘內即可到達餐館的公司職員人數。

5.周圍十分鐘內就可到達的人次。

6.本區域內人口的平均年齡。

7.營業區域內連鎖餐館數。

8.十分鐘內可到達的所有人口數。

■需要達到的指標

1.本區域內所有餐館座位數少於一千二百個。

2.75％的人口屬於藍領階層。

3.平均年齡在二十六至三十二歲之間。

4.十分鐘內有一萬名職員可以到達這家餐館。

■計算方式

在根據以上數據的基礎上，運用下列迴歸方程計算：

Y＝a－XA＋XB＋XC＋XD

其中：

Y＝這家餐館的預計銷售額

A＝本區域內所有餐館座位數

B＝本區域內藍領工人所占比例

C＝本區域內人口的平均年齡

D＝十分鐘能夠到達本餐館的職員人數

a＝經驗係數

X＝用來衡量A、B、C、D四個因素的係數

（三）商圈分析法

商圈是店鋪對顧客的吸引力所能達到的範圍；即來店顧客所居住的地理範圍。商圈分析法是透過分析商圈內的顧客情況與餐

館的情況，以及可能影響餐館經營的其他情況，以得到正確的店址。

■商圈的確定

確定商圈先要確定商圈的中心點。餐館所在的位置就是商圈的中心點，應該了解中心點所在區域的情況、交通狀況和具體位置。僅有圓心而無半徑，圓是無法畫出的。爲了由地點定位繁衍出區域定位，必須透過半徑標誌準確地畫出各層商圈。即以店鋪位置爲圓心，以習慣的一定距離爲半徑，畫出商圈。

國際上習慣性商圈的半徑標準如**表3-1**所示。

表3-1商圈劃分標準表

	交通工具特徵	距離半徑（公尺）	時間（分）	時速（公里）
核心商圈	徒步圈	600	10	4
次級商圈	自行車圈	1300	10	8
邊緣商圈	汽車圈	6000	10	40

對處在不同地區的餐館來說，商圈的半徑距離各有不同，要受當地人口密度、附近競爭餐館、餐館供應的菜餚差別、交通方式、餐館聲譽等因素的影響。而在大城市的市中心，餐館的商圈半徑通常只有兩三個街道距離。在市郊，則可能是十多公里的距離。另外，對於不同地區的餐館，不同商圈顧客占市場的比率不同。一般來說，一家餐館顧客群中核心圈的顧客占55％至70％，次級商圈的顧客占15％至25％，邊緣商圈的顧客則較爲少見。

■商圈分析

商圈分析對於餐館的地點定位具有十分重要的意義。透過對店址的綜合評價及詳細分析消費、競爭環境，可確定合理的目標市場。商圈分析應考慮的消費者因素有：關於商圈內的人口規模、家庭戶數、收入分配、教育水準、年齡分布、人口流動情況及消費習慣等。這些可以從政府的人口普查、年度統計及商業統計公告等資料中獲得。

簡單地說，地理位置的好壞一般要看是否滿足以下幾個條件：

・商業活動頻率高的地區

例如鬧區，商業活動極為頻繁、客流量大，是具有購物、逛街、約會、休息、聚餐等動機的人們雲集之所。一些餐館甚至進駐大型百貨公司，位於商場的頂層或底層，使顧客購物、進餐兩不誤。

・人口密度高的地區

居民聚居，人口集中的地區，顧客的需求較為穩定，外賣服務特別受到青睞。

・交通便利地區

車站或轉運站附近，主要顧客群體為過往匆匆的旅客，所以快餐店大受歡迎。上海火車站旁的麥當勞、肯德基、新亞快餐等餐飲連鎖店等紛紛占據有利地形。

・旅遊城市風景區

設在風景區的餐館非常受遊客的歡迎，特別是一些聞名遐邇的連鎖餐飲店，品質及口味的保證吸引著大批的顧客。例如肯德基、必勝客等餐飲連鎖店都在杭州的西湖風景區邊設有分店，依山傍水，占據地理優勢。

第二節　餐館外觀設計

餐館的視覺形象及外觀就像餐館的顏面，最引人注目，也容易給人留下深刻的印象。雖然餐館的門面裝飾不能改變餐館產品的性質，從表面上看似乎是可有可無的事物，但實際上對餐館起著很大的宣傳作用，能直接刺激顧客的購買慾望，吸引顧客進店。餐館外觀是餐館銷售的前奏曲，因此，結合各種裝飾技巧，構思設計與眾不同的外觀形象，具有強烈的吸引力，是餐館得以取勝的法寶。而且，一個成功的外觀設計，不僅能吸引更多的顧客，獲得顯著的經濟效益，還能美化自身，在表達對顧客尊重的同時，也美化了周圍的環境。

一、餐館視覺形象的設計原則

現今的餐館經營愈來愈重視視覺系統的開發，而視覺形象在餐館的整個賣場形象中占重要地位。對餐館而言，企業視覺系統開發應注意下述原則：

(一) 簡潔、深刻

視覺系統設計的目的是要社會大眾認識、了解並記住企業及其產品。所以視覺系統所設計的標誌等內容應該簡潔明快，而不是繁瑣複雜。

企業的標誌不僅僅是一個符號，它必須能傳達企業的理念、企業的個性。在設計時應首先了解企業標誌的內在需要及表達功能，然後運用點、線、面及色彩來呈現和表達。同時要注意構思新穎而巧妙。

(二) 生動、獨特

視覺系統是一種無聲的語言，它應具有較強的感染力，才能在眾多的形象中脫穎而出，為大眾所關注。

視覺形象切忌雷同，雷同對企業的不利方面有：

1.使公眾不能明確的了解企業希望樹立的形象，容易造成混亂，最終導致CIS計畫的失敗。

2.在公眾中造成一種不良的印象：該企業沒有創新，不積極參與市場公平競爭，有欺騙公眾的傾向。

(三) 美感、人情味

視覺形象缺乏美感和藝術表現力會降低它的作用。視覺系統的設計過程是一種藝術創造過程，顧客進行識別的過程同時也是審美的過程。所以，標誌設計必須符合美學的標準。注意圖案的比例與尺寸、統一與變化、對稱與均衡、節奏與韻律、調和與對比，以及色彩的感情與抽象的聯想等。

充滿人情味的標誌設計能充分表現出企業的親和力，使顧客對企業產生親切感。麥當勞的小丑麥當勞叔叔和肯德基面容慈祥的上校先生都充滿了人情味，分別受到兒童的喜愛，使顧客對公司及其提供的食品產生一種親切感。

(四) 民族化、世界化

在設計視覺形象時，既要注意吸收民族傳統的優秀精神，又要注意運用世界通用的標誌語言。對於餐飲連鎖企業而言，更要努力塑造與國際接軌的企業形象，其標誌設計的世界性是不可缺

少的部分。此外，還要考慮到各地的風俗習慣、民族風情、禁忌等，才能使企業形象獲得廣泛的認同。

二、餐館建築物外觀設計原則

餐館外觀包括餐館的建築外形、尺度、線條、色彩、入口等，具體構成要素有門窗裝飾、招牌、人物造型、廣告牌、霓虹燈、海報、入口空間、食品展示、停車場、綠化等。餐館的外觀設計是賣場設計中的一個重要組成部分，承擔著吸引顧客、招攬生意的任務，具有吸引顧客、傳達訊息、促進銷售等功能。製作精美的外觀裝飾是美化營業場所、裝飾店鋪、吸引顧客的一種重要手段。在市場競爭日益激烈的今天，不少餐館將外觀裝飾作爲競爭的有力武器。例如有的餐館採用大型藍色玻璃幕牆，幻影迷離，恰似湛藍色海水的映射，給人無限遐思，令人賞心悅目；有的餐館突出傳統風格，古色古香，如同一支悠遠的古曲，向人們訴說悠久而豐富的餐飲文化。

在餐館建築外觀形象上，麥當勞可謂獨樹一幟，讓人過目不忘。麥當勞初期的創建是極有意義的。一九五二年，當他們有了第一位負責人時，麥當勞想趁此機會在鳳凰城建立一家連鎖的汽車餐廳標準模型店。這個創意是具有開創性的，充分呈現出麥當勞的經營智慧。爲他們設計這家標準模型店的是建築師梅斯頓。梅斯頓設計了一個紅白瓷磚相間的長方形建築。屋頂從前面向偶傾斜，櫃台至天花板仍是讓廚房完全暴露的「金魚缸」式建築樣式，麥當勞看了以後，覺得太平庸、俗氣，於是他們自己畫了一個大拱門，使它顯得比較高。孤零零的一個大拱門，看起來十分滑稽，於是又添了一個，形成雙拱門。從此，金黃色的雙拱門造型成爲麥當勞的標誌，無論在哪個國家哪個城市，只要人們遠遠地看見雙拱門，就知道是麥當勞。美國的維多利亞餐廳在建築外觀上也非常具有特色，整個餐館由從英國購買的火車車廂連接而成。這些火車車廂的外形保持不變，內部加以精緻的裝潢修飾，使一個個車廂成爲新穎別致、富有古樸風味的餐廳包廂。還有一個酒吧則設計成一個高達十多公尺的巨大啤酒桶形狀，鮮明地向公眾傳達了經營產品的訊息。

在進行餐館外觀設計時，應遵循以下原則：

（一）與周圍環境和諧

建築物外觀應與周圍環境和諧統一，融爲一體，形成舒適協調、相得益彰的建築氣氛。如果餐館位在一個已有一定風格的商業街中，就應該注意保證街道景觀的整體統一性與和諧美。例如如果周圍環境大都是低矮的民房，而餐館卻裝飾成歐陸風格，就會顯得突兀，與周圍環境格格不入。如果是舊店翻新，新改建或擴建的店面要處理好新舊建築形式與風格的協調，注意適度保持原建築的外觀特色及歷史文化的延續性。

（二）與餐館層級一致

不同層級與等級的餐館應在外觀設計上明確呈現出來，可以使顧客透過直觀感覺獲得正確訊息。餐館建築物的外觀與餐館的層級一致，顧客對餐館的菜餚產品與服務品質能夠形成正確的期望值。此外，餐館的外觀形象與餐館賣場內部的形象也應該相互呼應，做到「表裡如一」。

（三）符合餐館的經營內容與形式

餐飲企業可以根據經營內容或者與經營產品相關的事物作爲造型取材的來源，經營特色菜系的餐館在外觀上應注意採用相應的建築詞彙與符號。例如，酒吧可以採用巨型酒桶或酒瓶來招攬顧客；具備水鄉風情的酒樓將整個餐館設計成船型；火車餐廳則將廢棄的火車車廂改裝成餐館。符合餐館經營內容與形式的餐館外觀能產生良好的指示作用，使過往顧客對餐館的經營項目一目了然。例如北京的「老北京」炸醬麵館，麵館規模不大，分爲兩層，但整個餐館外觀富有濃厚古樸的北京氣息。建築外觀與麵館的橫幅、站在店前身著對襟衫的夥計、廊前的風鈴一起形成了帶有深深韻味、令人回味無窮的景觀，在左右一整排各式餐館中脫穎而出，吸引顧客前往。

(四) 富有時代感與特色

餐館建築必須注重突出地區特色、民族特色，同時也應富有時代感。對於一些經營風味食品、具有很強民族特色食品的餐飲企業而言，應該盡量把民族風格與地方特色、時代特徵結合起來。例如英國一家餐館外觀設計成一個大玻璃球形，一年四季透射出四周的景觀，猶如一幅巨型的風景畫，吸引了無數顧客。而日本某餐館的建築形式模仿江戶時期民家建築風格，設計師借用過去民家存放糧食用的倉庫上通氣塔的建築形式，並將它誇張提高，作爲餐館的廣告塔。這樣既保持了古老的風格，又賦予了它實際的功能，並且極具特色。

(五) 富有靈活性與動感

還有一些餐館透過增強門面動感，使餐館外觀富於變化性。例如在臨街門面形成凹進、底層拓空等變化，使商業街連續性空間產生中止或轉折，並形成可讓行人駐足觀望的中介空間，它能誘導行人的停滯行爲及注意力，有效地招攬顧客。也可運用霓虹燈、看板、噴泉、旋轉體等變化的畫面及運動的物體，保持門面

某些部位的動態變化，增強店面活力。

三、餐館造型素材的來源

餐館外觀造型有著多種多樣的素材來源，主要有以下幾個方面：

（一）歷史性

基於人們眷戀歷史的懷舊心理，對於歷史悠久的老字號，可以選擇餐館的創始人或者有關紀念物作爲餐館的造型取材。

（二）經營內容

餐館的經營內容是餐館造型的重要素材來源，例如酒吧採用巨型酒桶或酒瓶來招攬顧客。

（三）故事性

從家喻戶曉的童話故事、民間傳說及典故之中，選擇能深刻反映餐館經營理念、經營特色的人物或卡通形象，作爲餐館造型的素材來源。我國與世界文化源遠流長，博大精深，只要善於發掘，一定能在文化的滾滾長河中捕捉到精彩的素材，作爲餐館的特有造型。

（四）動植物特性

餐飲企業的個性如自然界的萬物一樣各具有特色，千姿百態。餐館可根據自身的經營理念、特色範圍，精選出符合自身特性的動植物造型，並透過賦予動物或植物一定的姿態、構造來突出餐館形象。

（五）餐館主題

對於主題餐廳而言，創造鮮明的主題與特色更是餐館的靈魂所在，失去主題與特色，主題餐館也就失去了存在的意義。例如以家庭、兒童、婦女爲主要對象的餐飲店，其外觀風格應迎合兒童、婦女的心理特點。某餐館採用優美的曲線和細膩的鐵花雕飾來裝飾店面，在店門口擺設綠化與帶來浪漫休閒感覺的搖椅，充滿溫柔、浪漫的情調，受到女性顧客青睞。而另一餐館將外形設計成飛機形象，具有強烈的識別性。兒童們把進餐館看成是進遊樂場，充滿幻想。以青年人爲對象的酒吧或咖啡廳，迎合青年人追崇時尚的心理特點，將店面外觀設計成富有後現代風格的形式，具有強烈刺激性。機械式、鬼怪式、夢幻式的外觀形象，緊緊抓住青年人獵奇、前衛的心理特徵，富有吸引力。某餐館運用廢墟、遺跡的形象作爲創意的出發點，在大片的牆面上故意加上一些殘破、剝落的痕跡，又在牆的另一端設計了一個西洋古典式的門廊，以表現餐館的年代與風格象徵。此外，透過設在門廊與樹叢下部的燈光，將門廊與樹叢的影子投射在預留的牆面上，創造出一副光與影的黑白圖景。風聲中燈光閃爍，樹影婆娑，給人一種神秘莫測的感覺。

四、餐館名稱與標誌

餐館名稱與標誌是用來標明企業經營性質，招攬生意的招牌口號或標記。它是餐館重要的無形財富。一個響亮易記、別出心裁的名稱或造型美觀、明確易辨的標誌，會令顧客耳目一新或心情舒暢而成爲美談，對於擴大餐館的聲譽有著重要的作用。

（一）企業名稱

企業名稱通常指公司的正式名稱，包括中文和英文兩種文字的確定名稱。餐飲企業名稱對企業形象具有重要意義，它將直接影響餐飲企業的經營和發展。

餐飲企業的命名在注意名字的簡潔、獨特、響亮之外，更要考慮餐飲產品本身的特色和種類，使名字的文化性與菜餚的文化性相符合，給人豐富的聯想。

■命名的原則

・簡潔

企業名稱愈簡潔、明快，就愈容易與消費者進行訊息溝通，使顧客容易記憶。並且企業名稱愈短，就愈有可能引起顧客的遐想，含義更加豐富。根據調查，企業名稱字數只有四個字時，平均認識度達11.3％，而五至六個字的企業名稱，平均認識度降至5.96％。一項實驗中，用快速顯示器以千分之一或兩秒瞬間的時間，讓受試者觀看廣告，測試其看到什麼以及看懂什麼。實驗結果顯示，一般人的記憶以五個字爲限，所以，店名字數也應以五個字爲限。一些眾所周知的餐飲連鎖企業，如肯德基，以及國內的榮華雞、永和豆漿等，它們的名字都很簡潔，且容易記憶。麥當勞的英文名稱、日文（片假名）名稱以及漢字（中國分店的標誌）的標準字，都設計得相當簡明易讀，讓人一目了然。

・獨特

企業的名稱必須具備獨特性，絕對不能與其他企業名稱雷同，發生混淆。既不利於企業獨特形象的樹立，也不利於企業經營。獨特新穎的名稱以其鮮明的個性更容易吸引公眾注意，從而加深公眾對企業的印象。

・響亮

品牌名稱要容易上口，易於記誦。難於發音或音韻不好的字、難寫或難辨認的字，以及字形缺乏美感的字，或者容易引起歧異的名稱，都不宜作爲餐飲企業的名稱。天津曾有一餐館名爲「塔碼地」，據說名命者的初衷是反映港口特點，塔代表燈塔，碼代表碼頭，地代表錨地，頗有象徵意義。但是去「塔碼地」很容易引起誤會，天津市政府有關部門鑒於其名不雅，責令餐館改名。

・寓意

企業的名稱必須具有一定的寓意，特別對餐飲企業而言，應能使消費者從中得到愉快的聯想。如台灣興旺國際投資公司在大陸投資的麥田村餐飲連鎖店，「麥田村」三個字鄉意濃濃，讓人聯想起一望無際的黃色麥田，與其所供應的台灣式休閒食品相符，而其英文名稱爲“My Ten Restaurant”，其諧音正好是「麥田村」，這個名字說明了它是一家餐飲連鎖店，而麥田村的目標是到二○○○年在浙江杭州開設十家連鎖店。

■命名方式

・以吉慶、美好、典雅的詞彙命名

這種命名方式透過對人們的美好祝福來吸引顧客。例如「吉祥餐廳」、「好運來」酒家、「狀元樓」飯店、「樂惠」餐廳、「夢圓茶座」等。

・以餐館經營產品的特點命名

這種命名方式透過引發人們的聯想來增強顧客的購買慾望與信任度。例如「味道好極了」咖啡屋、「麵麵俱到」拉麵館、「水煮魚」餐館、「北國」冷飲屋等。

・以歷史悠久、名聲遠揚的品牌命名

例如「全聚德烤鴨店」、「狗不理包子店」、「東來順火鍋店」等。

・以名人或名人軼事命名

例如「文君酒家」、「東坡大酒店」等。

・以數字或字母命名

還有一些餐館以數字或英文字母作爲店名，有時也可以獲得意外的收穫。據調查統計，在二十六個英文字母當中，以A與S最受歡迎。而0至9的十個數字中，以7、3、8最受歡迎。善用這些字母或數字將可以造成響亮而又不平凡的命名。例如美國7-11國際餐飲連鎖集團、ATT（吸引力）等。**表3-2**所示爲數目與英文字母受歡迎程度調查表。

表3-2　數目與英文字母受歡新程度調查表

數字	人數	百分比	字母	人數	百分比	字母	人數	百分比
0	9人	6.2%	A	38人	2.59%	N	0人	—
1	13人	9.0%	B	0人	—	O	0人	—
2	10人	6.9%	C	3人	2.0%	P	2人	1.4%
3	19人	13.1%	D	3人	2.0%	Q	7人	4.8%
4	7人	4.8%	E	1人	0.7%	R	8人	5.4%
5	9人	6.2%	F	8人	5.4%	S	20人	13.6%
6	6人	4.1%	G	7人	4.8%	T	1人	0.7%
7	45人	31.0%	H	6人	4.1%	U	2人	1.4%
8	19人	13.1%	I	1人	0.7%	V	4人	2.7%
9	8人	5.5%	J	0人	—	W	4人	2.7%
			K	9人	6.1%	X	7人	4.8%
			L	3人	2.0%	Y	0人	—
			M	6人	4.1%	Z	7人	2.7%

總之，餐館名稱不僅要有高度概括力，能確切表示企業的經營性質，而且要風趣易記、新穎獨特。這樣的名稱必然廣受歡迎，廣爲傳誦，爲餐館增添光彩。

(二) 企業標誌

餐館的標誌是「無任期大使」，包括國際溝通交流的功能。透過圖案簡潔、意義明確的統一標準視覺符號，將企業理念、企業文化、經營內容、企業的規模以及產品特徵等要素，傳遞給社會大眾，提供識別與認同。

企業標誌是CIS的視覺設計要素中，應用最廣、出現次數最多的部分。企業標誌在社會經濟生活中也扮演著重要的作用，它除了區分商品和品牌的功能外，更重要的是象徵著企業的信譽，所謂「商標就是責任」，其目的是在於確保公司的權益，並且保障消費者不受欺騙。

企業標誌不僅是所有視覺設計要素的主導力量，同時也是整合全部視覺設計要素的中心；更重要的，企業標誌在社會大眾的心目中，是企業、品牌的代表。所以，企業在創立之初或重新樹立形象時，最重要的是尋找出符合企業經營理念或產品的標誌，一個優良的產品，可強化標誌的權威感；設計出色的企業標誌，同樣會增加產品的信賴感。

■餐飲企業標誌設計的題材來源

1.以企業、品牌名稱爲題材。
2.以企業、品牌名稱的首字母爲題材。
3.以企業、品牌名稱或圖案與其字首組合爲題材。
4.以企業文化、經營理念爲題材。
5.以企業、品牌名稱的含義爲題材。

6.以企業、品牌的歷史或地理環境爲題材。

7.以企業經營內容、商品造型爲題材。

■餐飲企業標誌的種類

・文字標誌

這是一種名稱性標誌，即直接把企業名稱的文字用獨特的字體表現出來。這類標誌通常將名稱的第一個字母藝術性地放大，使其突出、醒目。例如，麥當勞的英文字體“McDonald”，M與D皆爲大寫，很有特色。

・圖案標誌

這是以一定的圖案來解釋名稱的標誌，它是企業經營理念的一種圖形表達。抽象簡潔、寓意深刻，具有較強的藝術性。如麥田村的標誌以簡單的同心圓爲外形，環圈以橙紅爲底色，上面印有麥田村的英文譯名“My Ten Restaurant”，內圓的主要圖案是一個小碗，碗的下方有四條波浪線，而在小碗的上方冒著熱氣。這樣的設計醒目而富有美感，又具有鮮明的行業特徵。

・人物形象標誌

利用獨特且令人喜愛的人物形象作爲標誌，在國外的餐飲連鎖企業比較常見。人物形象標誌給企業增添了濃厚的人情味，在消費者心目中，這些令人喜愛的人物形象就代表了餐館。並且，人物形象標誌更容易引起顧客注意，且一見難忘。除麥當勞的小丑、肯德基的上校外，日本的「不二家」也選用了可愛的娃娃作爲標誌，甚爲引人注目。

・動物標誌

可愛的動物形象同樣也能引起人們的注意，並容易被大眾接受。如肯德基的小公雞「奇奇」與全聚德烤鴨店門前站立的黃色大鴨子等。

・其他事物標誌

幾乎任何東西都能成爲店鋪的標誌，但必須巧妙運用。如美國硬石餐廳（HardRock）遍布世界各地，每家餐廳頂部都有一個相同的標誌——一輛小型六三款凱迪拉克牌轎車，給人新奇刺激之感。

■餐飲企業標誌設計考慮因素

在正式進行企業標誌設計之前，要對以下內容做進一步的考慮：

1.企業的經營理念和未來的預期發展。
2.企業產品的特色、經營內容、服務性質。
3.企業經營的規模和市場占有率。
4.企業的知名度。
5.企業經營者的期待和員工的共識。

（三）標準字

標準字是CIS中基本要素之一。由於企業經營理念和內容不同，再加上設計者的構想各具特色，使標準字有了不同的形式。

當餐飲企業、品牌的名稱確定下來後，在著手進行字體設計之前，應先實施調查工作。一般調查的重點包括：

1.是否能符合行業、產品的形象。
2.是否具有創新的風格、獨特的形式。
3.是否能使購買者喜歡。
4.是否能表現出企業的發展性和企業的信賴感。
5.對字體造型要素加以分析。

將調查的資料加以分析後，就可以從中獲得明確的設計方向。

（四）標準色

標準色是指企業將某一特定或一組色彩系統，運用在所有的視覺傳達的設計媒體上。在餐飲企業情報傳遞的整體設計系統中，標準色具有強烈的識別效果，可以作爲經營策略的行銷武器。標準色的確定主要可以從三方面進行考慮：企業形象、經營策略、成本或技術。標準色又可分爲企業標準色和品牌標準色。一般而言，色彩本身除了具有知覺刺激外，更容易讓人產生各種具體的聯想或抽象的情感，所以，企業應重視對標準色的選擇和利用。

在可見光譜中，紅色光波最長，給視覺一種迫近感和擴張感。紅色的感情效果富有刺激性，給人一種活潑、生動和不安的感覺，並包含著一種力量、熱情、方向感和衝動。肯德基的標識在白色的底上排列著一系列由細至粗的紅色斜線條，在線條下方一端醒目地排著三個紅色大字「肯德基」。整個畫面給人的感覺是跳躍、活力。橙色的波長僅次於紅色，是活潑和富有光輝的顏色。它象徵著充足、飽滿、活力、明亮、健康等。橙色是色彩中最溫暖的顏色，能引起人的食慾，給人香蕉般香甜之感。麥當勞用金黃色霓虹燈做成的雙拱門爲標誌，遠遠看去十分耀眼醒目。因爲在任何天氣情況下，在任何季節裡，黃色的視覺識別性都是很高的。於是，黃色成了麥當勞視覺識別中的標準色，而稍暗的紅色爲輔助色。M字的弧形圖案化設計非常柔和，與店鋪大門的形象搭配起來，十分吸引人。從圖形上來說，M形標誌設計簡潔明快，無論大小均能再現。而台灣的麥田村餐飲連鎖店選用橙色作爲企業標準色，從標識到餐廳裝潢，都以橙色爲主導色彩。美國的TCBY連鎖店，以經營各種優酪乳、冰淇淋爲特色。所有的連鎖分店一律以綠色和灰黃相間搭配裝飾，其選擇這兩種顏色的原因是「它們象徵著天然和健康」，十分利於吸引顧客前來飲用。某餐館的外形受條件限制，像方盒子一般呆板單調。但是透過在立面上對色塊進行處理，利用巧妙的構圖和強烈的色彩比對，結果使整個形象變得生動而豐富。

當餐飲企業的標準色決定之後，應將標準色與其他的基本要素組合運用，並規劃出各種應用設計項目的色彩配置以及使用規定，以加強標準色的展開運用，並貫徹表現在所有的相關傳播媒體上。

五、餐館招牌設計

招牌是餐館十分重要的宣傳工具，是餐館店標、店名、造型物及其他廣告宣傳的主體，是餐館賣場視覺系統的重要傳播媒體。它以文字、圖形或立面造型指示餐館名稱、經營範圍、經營宗旨、營業時間等重要訊息，是餐館門面極具代表性的裝飾部分，產生畫龍點睛的作用。設計周詳的餐館招牌能把標誌、名稱、標準色及其組合與周圍環境（尤其是建築物風格）有機地結合起來，全方位地展示給顧客與公眾。餐館招牌應醒目地顯示店名及餐館標誌，以餐館企業標誌來突出餐飲企業在周圍環境中的識別性，強調和突出企業形象。在夜間，還應搭配燈光照明。餐館的招牌在導入功能中產生不可缺少的作用與價值，要採用各種裝飾方法盡量使其突出。例如用霓虹燈、投射燈、彩燈、反光燈、燈箱等來加強效果，或用彩帶、旗幟、鮮花等來襯托。

（一）招牌的質地選材

招牌可選用薄片大理石、花崗岩、金屬不銹鋼板、薄型塗色鋁合金板等材料。石材門面顯得厚實、穩重、高貴、莊嚴；金屬材料門面顯得明亮、輕快、富時代感。

（二）招牌的文字設計

除了店名招牌以外，一些以標語口號、隸屬關係和數目字組合而成的藝術化、立體化和廣告化的招牌不斷湧現。在文字設計上，應注意：

1.招牌的字形、大小、凹凸、色彩應統一協調，美觀大方。懸掛的位置要適當，可視性強。
2.文字內容必須與餐館經營的產品相符。
3.文字要精簡，內容立意要深，並且還須易於辨認和記憶。
4.美術字和書寫字要注意大眾化，中文及外文美術字的變形不宜太過花梢。

（三）招牌的種類

招牌的種類很多，常見的有下列幾種：

■懸掛式招牌

懸掛式招牌較為常見，通常懸掛在餐廳門口。除了印有連鎖餐館的店名外，通常還印有圖案標記。

■直立式招牌

直立式招牌是在餐館門口或門前豎立帶有餐館名字的招牌。一般這種招牌比掛在門上或貼在門前的招牌更具吸引力。直立式招牌可設計成各種形狀，如豎立長方形、橫列長方形、長圓形和四面體形等。一般招牌的正反兩面或四面體的四面都印有餐館名稱和標誌。直立式招牌因不像門上招牌那樣受篇幅限制，可以在招牌上設計一些美麗的圖案，更能吸引顧客注意。

■霓虹燈、燈箱招牌

在夜間，霓虹燈和燈箱招牌能使餐館更爲明亮醒目，製造出熱鬧和愉快的氣氛。霓虹燈與燈箱設計要新穎獨特，可採用多種形狀及顏色。

■人物、動物造型招牌

這種招牌具有很大的趣味性，使餐館更具有生氣及人情味。人物及動物的造型要明顯反映出餐館的經營風格，並且要生動有趣，具有親和力。在店前設立卡通中流行的偶像雕塑，及小怪獸、小動物等，非常受兒童喜愛，也有很強的認知性。例如麥當勞的小丑造型及肯德基的「上校先生」與小公雞「奇奇」、日本「舞魚」餐廳門前聳立的巨大無比的魚的雕塑等，都成爲餐館的獨特標誌，遠近聞名。

■外挑式招牌

招牌距餐館建築表面有一定距離，突出醒目，易於識別。例如各種立體造型招牌、雨篷、燈箱、旗幟等。例如某經營湘菜的餐館，在門面上方設計了一個具有傳統中式風味的挑檐，上書「湘菜館」三個大字，檐下兩邊墜有大紅燈籠，格外引人注目（見圖3-1）。

■壁式招牌

壁式招牌因爲貼在牆上，其可見度不如其他類型的招牌。所以，要設法使其從周圍的牆面上凸顯出來。招牌的顏色既要與牆面形成鮮明對照，但又應相互協調；既要醒目，又要悅目。例如某餐館在門面上方採用巨石裝飾，表面凹凸不平，與「湘水洞」三個字在材質上產生鮮明對比，但在含義上卻非常貼切（見圖3-

圖3-1　外挑式招牌

圖3-2　壁式招牌

2）。

（四）招牌的位置

招牌的主要作用是傳遞信息，所以放置的位置十分重要。招牌的位置以突出、明顯、易於認讀為最佳原則。招牌可以設置在餐館大門入口的上方或實牆面等重點部位，也可以單獨設置，離開店面一段距離，在路口拐角處指示方向。例如位於小巷的轉角處的小餐廳，在牆的兩個方向上書寫店名，使從不同方向來的顧客都能看到。

根據對人的視線範圍的測定，人眼的視線範圍大約成六十度頂角的圓錐形，熟視時為一度的圓錐。按照一般人站立時水平視線的平均高度一點五公尺計算，人站在餐館前離招牌一至三公尺時，最佳視區的招牌高度在〇點九至十五公尺左右，例如落地式招牌或櫥窗、壁牌等。當開車經過路中央，或行走在道路對面離餐館五至十公尺時，招牌的高度在三至六公尺左右為宜，例如餐館的檐口招牌。當車從遠處駛近，距餐館建築物二百至三百公尺左右時，招牌的高度以八至十二公尺為宜，例如麥當勞的M形獨立式招牌，以及高掛的旗幟及氣球等。一般餐館為了便於各個方向、距離的行人或過往車輛認知，分別設置高、中、低三個位置的招牌。例如，「狀元酒家」在古色古香的店門外用匾額、從高處掛下的紅色燈籠、放在地面上的大酒罈作為餐館的招牌，不同的位置既提高了餐館的認知度，又製造了獨特的氣氛。再如日本的一家鰻魚店在一樓入口處設置了燈箱、菜單欄及食品展示櫥窗，二樓則利用大片實牆面設計了一個巨型燈箱，突出店名。

六、餐館入口設計

餐館入口的設計目的是誘導人們的視線，激發起顧客想要進門看一看的參與意識。

(一) 入口形式

餐館的入口形式可以分爲封閉式、半開放式及敞開式三種類型。

■封閉式

封閉式店面入口較小，面向人行道的門面用櫥窗或有色玻璃、門簾等將店內情景遮掩起來，入口盡可能小。這種店門可以隔絕噪音，阻擋寒暑氣和灰塵，但是這種店門不易進入，可能會讓顧客產生不夠親切的心理感受。

■半開放式

半開放式店面入口比封閉式店門大，玻璃明亮，顧客從大街上可以很清楚地看清店內的情景。既能吸引顧客，又利於保持店內環境的適當私密性，比較適合餐館。

■敞開式

敞開式店面的店門全部向外界敞開，顧受出入店門沒有障礙，使公眾對餐館內的一切一目了然。有利於充分顯示餐館賣場環境，吸引顧客進入。但是敞開式店門使餐館受外界環境氣候干擾大，也不利於店內衛生。

(二) 店門質地選材

店門所採用的材料過去以硬質的木材為主，或者在木材外包鐵皮、鋁皮，製作較簡單。近年來的店門質地選材一般有鋁合金材料及玻璃材料等。鋁合金材料具有輕盈、耐用、美觀、安全且富有現代感等優點。而無邊框的整體玻璃門由於豪華氣派、透光性好，便於內外溝通，也被大多數餐館所採用。

(三) 店門設計其他考慮因素

餐館的店門應當是具有開放性，設計應力求明快、通暢的效果，方便顧客進出。

■經營規模

小型餐館可以根據其經營特色選擇各種開放形式，但是大型餐館由於店面寬、客流量大，採用半開放式店門更為適宜。

■外界環境及氣候條件

店門設計時要考慮門前的路面是否平坦，是水平還是斜坡；門前是否有阻擋及影響店面形象的物體和建築；還應考慮氣候條件對店門設計的影響，例如採光條件、噪音影響、風沙大小及陽光照射方位等。一般來說，氣候條件溫和的南方更宜於採用偏開放型店門，而氣候條件較惡劣的北方則更適於採用偏封閉型的店門。

■人體工程學

在進行店門設計時，還應考慮人體工程學。根據人體的機能，結合考慮目標顧客的年齡、性別、文化程度、風俗習慣等方面的主要特徵，對門、台階、扶手、拉手及其他構件或輔助設施的位置、色彩、構型、圖案等方面進行綜合考慮，使整個店門設計與顧客的人體尺度及心理感受相符合，從身體與心理上最大程度地給予顧客方便與輕鬆。對殘障人士通道的設計也是不容忽視的，殘障人士在我國人口中占有很大比重，對無障礙設施的重視不僅呈現了餐館對人的關懷，也能吸引更多客人的光顧。

■引導性

店門的位置應具有引導性，既能吸引過往的顧客，也能使店門與店內通道合理緊密銜接，使顧客進入店內後能合理並自由地流動，產生很好的指引導向作用。不同店鋪的店門位置各有不同，小型餐館一般將店門置於店面一側。有利於對顧客的合理引導；大型餐館一般將店門設計在店中央，左邊或右邊再增設邊門，以兼顧引導性及客流的通暢性。店門的設計不僅要具有引導性，還應根據具體的人流情況而定，使餐館的客流保持通暢性。

(四) 入口設計的裝飾性

入口空間是顧客的視覺重點，設計獨到，裝飾性強的入口具有強烈的吸引力，並成爲顧客醞釀情緒的空間。例如設在郊外的餐館，爲了突出入口，在燈光處理上用了統一的冷色調；同時將雨篷拉出形成突出式門廊，使過往行人的視覺提早觸及；地面採用連續的碎石鋪地，引導顧客直至餐館內部。另有一咖啡店的設計意圖是創造出一幅「人間天堂」的景象，以吸引年輕人特別是女性顧客。立面全部採用大玻璃窗，使入口空間有櫥窗般的感覺，並且在入口空間中設置了童話世界中的城堡與仙女雕像，透過燈光的配置，使仙女飛天的形象投射到牆面的光暈中。單純的色彩設計及纖細優美、富有動態的仙女雕像，給人留下純情無瑕、充滿憧憬的印象。

第四章

餐館賣場內部硬體環境設計

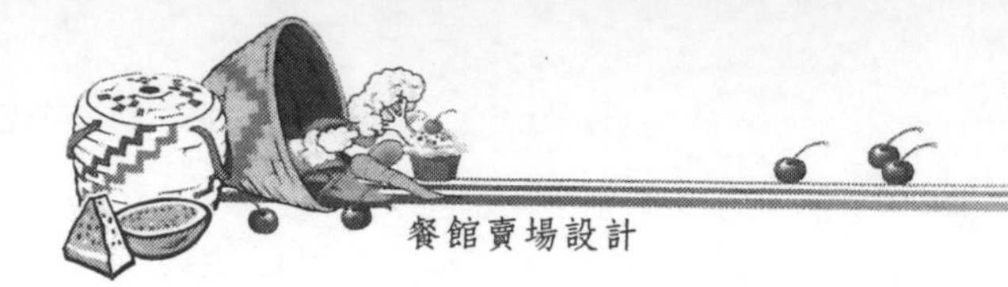

影響餐館賣場內部環境的因素很多，可以說餐館賣場內的任何一樣事物、一個細節都會對賣場環境氣氛造成影響。但從根本上來說，餐館賣場內部環境氣氛取決於三個方面。即餐館賣場的硬體設備、餐館賣場的服務氣氛、餐館賣場的銷售氣氛。

餐館賣場的硬體環境是比較通俗的說法，確切地說，它是指餐館的硬體設施共同建構的環境氣氛。影響餐館賣場硬體環境的因素包括餐館空間、光線、色彩、陳設、家具與裝飾等。

第一節　餐館賣場空間設計

空間是室內設計研究的課題，在餐館賣場中空間同樣是最基本的要素。古代老子曾說過：「埏埴以爲器，當其無，有器之用；鑿戶牖以爲室，當其無，有室之用。故有之以爲利，無之以爲用。」意思是說，器皿雖然要實體材料來做，但實際使用是中間空的部分；蓋房子也是如此，建築材料成了外殼，而使用的是內部的空間。美國建築大師賴特（F. L. Wright）曾指出：「一個建築物的內部空間便是建築的靈魂，這是一種最重要的概念。」可見，空間的塑造在餐館賣場設計中占有舉足輕重的作用。

餐館賣場的任何一個廳室都是一個空間。空間的大小、形狀，透過一定的長度、寬度和高度來呈現。在餐館賣場中，建築結構與材料構成空間，採光與照明展示空間，雕塑與繪畫等藝術品則豐富了空間。

餐館內部的空間包括向心的焦點式空間、區域性空間、由邊牆形成的方向性空間。限定空間的要素多種多樣，不同的「限定」形成不同的空間。大致上說，以垂直的牆面和隔斷爲側界面、地面爲底界面、天花板爲頂界面的限定是完整的室內空間。

一、餐館賣場空間的類型

餐館不同的空間形式給人不同的心理感受，方、圓、八角等嚴謹規則的幾何形空間給人端莊、剛正、平穩、自我滿足、肅穆和凝重的心理感受；不規則而富有變化的空間環境，則給人隨意、自然、流暢、無拘無束的心理感受；封閉式的空間環境，給人肯定、寧靜的心理感受；開敞式的空間環境則給人空曠、神秘之感；低矮但不過度的空間會使人感到親切、溫馨。

從不同的角度可以將餐館空間分為不同的類型。

(一) 從空間形成的過程角度

■餐館賣場的固定空間

當餐館建築的土木工程完成後，由地面、牆和頂棚（或稱天花板）圍成的空間是一個固定空間，是以後的裝飾布置所無法改變的。餐館賣場的固定空間能穩定地配合室內空間各種使用功能的需求。

■餐館賣場的可變空間

在餐館賣場的固定空間內用隔斷、家具或其他設備等進行再劃分，從而形成各種新空間，這些新空間即為可變空間。賣場的可變空間是由活動的底面、頂面及四周牆面所圍成，以配合室內空間不同規模和場合的使用功能要求。

(二)從賣場空間的虛實與私密性角度

■餐館賣場實體空間與虛擬空間

賣場實體空間的空間範圍較明確，各空間之間有比較明顯的界限，私密性較高，常用牆、隔牆做爲界面。賣場的虛擬空間帶有人爲性質，空間範圍不大明確，私密性較低。它處於實體空間內，與實體空間相貫通，能夠被人們所感知。例如有些餐館入口處旁的等待區，常常透過採用降低燈具、局部照明、沙發的圍合、抬高地面等方式，在人們心理上形成一個遐想空間。

■餐館賣場開放空間與封閉空間

開放空間是外向型的，側界面圍合程度低，私密性較小，強調與周圍環境的交流、融合。封閉空間也是一種實體空間，只是從不同角度表述。封閉空間帶有很強的領域感、安全感與私密性。隨著圍護實體限定性的強弱，封閉的程度也不同。爲打破封閉空間所帶來的沈悶感，常常採用燈、窗、鏡面等來擴大空間感。

有的餐館在各包廂之間採用封閉的隔牆，每個包廂具有相當的私密性；但有的餐室全部敞開在餐館中庭四周，以共享理論爲依據，模糊各餐室之間的界限，餐座融合到中庭各個角落，有利於創造充滿人情味的用餐空間，但私密性空間相對減少。

至於隸屬於飯店的餐廳空間布局情況，有的飯店將餐廳、酒廊、酒吧均布置在第一層與門廳相通，將這些廳室分隔成間，以不同的裝修分別命名；還有的飯店將橫向格局的部分餐飲空間串聯貫通、圍著廚房布置，形成豐富活躍的用餐空間。

(三) 從動靜角度

■餐館賣場動態空間

餐館賣場動態空間引導人們從「動」的角度觀察周圍事物，餐館中除了電梯等機械化設施外，引導人流的路線，光怪陸離的光影，餐廳內的升降表演台、室內的小溪、瀑布等，都能產生動態空間。

■餐館賣場靜態空間

餐館賣場靜態空間是爲滿足人的生理、心理的需求，透過增強封閉性，注意空間陳設的比例、角度，使色彩和諧、光線柔和、視線平緩等手法來取得平靜的環境。

二、餐館賣場空間界面的藝術處理

餐館室內的各種界面，是指牆面、各種隔斷、地面和天花板，這些界面各有不同的功能與特點。通常這些界面的界線是分明的，但在餐館中，由於各種功能和藝術上的需要，各界面的邊界並不分明，甚至渾然一體。對不同空間界面的藝術處理都是對形、色、光、質等造型因素的恰當運用。

(一) 側重形式的處理

「形式」指構成和影響建築內部空間的實體（如界面、裝飾物、家具、燈具、繪畫、雕塑等），它與建築內部空間相輔相成，整體可以指室內空間布局，細部可以說明家具、陳設品。餐館爲了追求視覺效果的形式美，應對空間界面進行側重形式的藝術處理。

■表現結構

表現界面的結構美。有的休閒餐館及酒吧在天花板處理上別出心裁，沒有按照常規裝潢，而是向顧客展示木質結構的頂棚或者直接暴露通風管所產生的結構和韻律的美。例如仙蹤林餐廳，它的頂棚上分布著橫直交錯的管道，但管道並非裸露，而是覆蓋著寶藍色的布幔，藍色的布幔如波浪般起伏、延伸，裡面是隱約可見的管道，給人的感覺是神秘、悠遠及現代。

■表現材質

表現界面的材質美。利用波紋狀的織物牆面或頂面展示出柔軟的質感；利用碎石的界面或毛石粗糙的界面表現出融於自然的鄉土氣息；或者利用木質界面的天然花紋、混凝土牆面顯示不做任何修飾的渾然天成感。利用天然材料，例如草頂、毛石牆、稻殼泥巴粉刷牆、粗糙的原木梁枋、磚塊地等，可以使餐廳充滿淳樸的農家情趣。

■表現光影

表現出界面的光影美。運用螢光燈造型的牆面或頂面以及透過發光的牆柱、地面綜合反映的形、色、光的效果；將燈射向頂面或牆面形成裝飾性光影。設有表演區的娛樂餐廳通常都運用這種手法。

■表現幾何形體

表現出界面的幾何形體。運用幾何體設計造型或透過色塊圖形展示幾何效果，給人強烈的抽象感。

■表現面與面的自然融合

表現界面與界面的自然融合。有的餐館運用形和色將頂面與牆面慢慢融合，使兩個界面自然銜接。

■表現層次變化

表現界面的層次變化。運用頂面的重疊造型、地面的層層升高、色帶的漸層變化來豐富空間的層次感。

(二) 側重內涵的處理

餐館空間界面的「內涵」是指除形式之外，包含一定的思想性。

■運用圖案

空間界面透過圖案表現內涵。例如透過一定造型的圖案反映華貴或輕鬆的氣氛，或者用絢麗多彩的掛毯來增加環境的文化內容。

■表現動態

空間界面透過動態面的處理表現內涵。例如透過動態強烈的瀑布牆、投影燈射出的變幻畫面等，來增強餐館賣場環境的動感。

■表現趣味性

透過趣味性的畫面來創造氣氛。例如利用有趣的人物、動物造型畫面來創造輕鬆的氣氛。肯德基餐廳的牆面上繪有巨幅卡通圖像，增加趣味性，以吸引兒童。

■表現主題

透過主題畫面來表現內涵。例如一家以唱片爲主題的酒吧，在牆面上用唱片上下左右排列來裝飾牆面，呈現主題。

三、餐館空間藝術的應用

餐館賣場在進行空間布局時，應該視實際情況合理地調整空間、組織空間及利用改善空間，靈活地應用空間藝術來創造完美而富有變化的賣場空間。空間藝術的應用需要透過合理地利用和改善餐館建築的形狀、材料、色彩、照明和陳設來進行。

（一）餐館空間設計的原則

■餐館空間是多種空間形態的組合

單一的空間形態會使整個環境變得單調乏味，而空間形態的多樣組合，就能獲得多變化的空間。在餐館賣場內設計或劃分出多種形態的餐飲空間，並加以巧妙組合，是餐館賣場設計的第一步。多種形式的空間能使整個環境大中有小，小中見大，層次豐富，相互交融，增添空間的豐富性及流動感。例如在餐廳的大空間內劃分出幾個形態各異、親切宜人的小餐飲空間。它們之間既有分隔；視覺上又相互流通，使賣場內空間富於變化。例如某餐館採用蒙古包的形式圍合小空間，使空間大中有小，富有變化。

■滿足功能

餐館賣場的空間設計必須具有實用性，滿足餐館功能的需要。所劃分的餐飲空間大小、形式與空間的組合方式，都必須從功能出發，注重空間設計的合理性。

■符合技術要求

材料和結構是圍隔空間必要的物質技術手段，空間設計必須符合技術要求。此外，聲音、光線、供熱及空調等技術，也是在空間內營造某種氛圍和創造舒適環境的重要手段，所以，在空間設計時，也要考慮爲上述各工種保留必要的空間並滿足技術要求。

(二) 餐館空間藝術的應用

透過空間藝術的巧妙應用，可以使整個餐廳生機盎然，充滿動感與情趣。設計師格雷夫斯在美國海豚賓館的設計中，充分展示了他的棋盤圖案設計構想，並在賓館餐廳的設計中集中呈現，堪爲設計的精品。他運用明亮的國際棋盤式圖案使空間更加明朗寬敞；運用壁燈的點綴，爲四周的牆壁增添了生氣；並在長條形的軟包座席間設有隔斷，上方用玻璃嵌裝，以磨沙方形圖案進行裝飾，顯得非常精緻；而且運用壁燈、隔斷和圖案，在餐廳整體的大空間中創造出一個個獨立恬靜的小空間。

■改善餐館賣場的固定空間

改善賣場的固定空間主要是指改變空間的比例關係和空實的程度，常見的手段有：

・似透而實圍

利用物景及壁畫的色彩、奇妙的燈光製造出豐富多彩的空間效果。色彩淡雅、層次豐富、透視感強、偏冷色調的壁畫或布景牆，能使該牆面後退，從而增添空間的景深感，使整個空間感覺上更爲開闊。相反地，色彩深重、層次不多、光照明亮的壁畫與布景牆，可以使該牆面搶前，使原本空曠的空間增添親切感與溫馨感。例如杭州樓外樓餐館，餐廳的三面用大面積玻璃做隔斷，使賓客在用餐的同時能觀賞西湖的美景。而另一面則設置了一個大型開闊的布景牆，造成天外有天之感，整個環境似透而實圍。還有一家餐館採用鏡子作爲界面，從視覺上使人產生空間增大的感覺。

・可變的靈活空間

餐館與飯店一樣，也存在淡季及旺季之分，一年四季的客流量並不均衡。在旺季時，顧客盈門，無論大廳或是包廂都告客滿，甚至在走廊上、洗手間門口都擺上餐桌；但是在淡季時，客滿時擁擠不堪的大廳變得空曠而冷清，客人寥寥無幾，缺乏人氣的餐館更是難以招徠顧客。這就需要使餐廳成爲可變的靈活空間，隨著淡旺季的變化及時調整餐館空間。除季節差別外，針對團隊客人、婚宴及散客等接待對象的不同，餐館也應隨時調整賣場空間，透過運用質輕、價廉、拆裝容易的物件或家具設置，及時創造出各種不同而適用的空間。

■利用虛擬空間

虛擬空間既可以表現在實際方面，又可以表現在心理空間。餐館賣場中虛擬空間的應用是在大空間開闢小空間，在餐館大廳這一公開場合中，爲顧客提供比較安靜私密的小環境，在熱鬧中又不失清靜。在現今餐館賣場不斷更新的情況下，虛擬空間的應用愈來愈頻繁。虛擬空間可以豐富空間層次，使整個環境活潑而富有動感，能夠呈現出實體空間所無法呈現的意境和氣氛。

・地面限定法

採用地面限定法能有效地產生虛擬空間，可以透過圖案、色彩、質感、標高等因素的改變來實現。

在餐館中，常常以不同色彩、材質的地面來劃分用餐空間與交通空間、劃分吧台與咖啡座等不同的餐飲空間。也常常透過在餐廳中央鋪設特殊的圖案，以顯示所限定的中央空間。例如在餐廳大空間內界定一個休憩空間，可以採用地面限定，利用暗紅色底、條形花紋的地毯與周圍淺色、光滑的石料地面形成對比。由於在色彩、圖案及質感上明顯有別於四周地面，從而在地面上明確限定出這一休憩空間。

改善地面標高也是劃分空間的重要手段，在空間設計中應用十分廣泛。提高和降低餐館賣場某一部分的地面標高可以形成一個有一定界限的新空間，使一個大而平淡的餐廳劃分為幾個大小不同、形態各異、高低錯落的空間組合，富有趣味性。例如餐館的待客區與用餐區，透過台階能在保持方便溝通的同時，把兩個不同功能的空間劃分開來，並進一步增添了空間的層次感。地面的實際標高不變，利用不同材質的地面處理同樣能產生虛擬空間。例如某餐廳將餐廳中間的鋪地圖案、材質及色澤與兩側地面做不同處理，使交通空間與兩側用餐空間明確區分。正前方將地面抬高一步，並改變材質為紅色木地面，在上方做一較低的蘑菇裝頂面，在壁爐前規劃出一個小餐飲空間。三個空間既交融在一個大空間內，又各具情趣。

・頂面限定法

空間的頂面限定法是採用屋頂、樓板、吊頂、構架、織物、光帶等，限定出它與地面之間的空間範圍，從而與其他空間分離。在餐館賣暢中適當地抬高或降低某些區域的頂面，能夠表現出某一區域的重要性和獨立性。將頂面抬起，可以引入自然光，使室內生氣盎然；下降部分頂面，能在大空間裡營造出小尺度的溫馨環境。如果將頂面的造型、圖案、色彩及質感做不同處理，可以強調餐廳中的某個重點，也可以用來導引方向。例如採用簡便新穎的懸吊式頂棚、篷布及模擬葡萄架等限定手法，在茶館與酒吧常常可以見到。某餐館利用拱形的頂面，從周圍環境中限定出罩在其下的一個餐飲與休憩空間。

1.改變照明方法和色彩：

改變照明方法與燈具種類也是創造虛擬空間的有效方法。不同的照明層次及照明種類常常能產生意想不到的效果。同樣的，改變環境的色彩也可以讓顧客產生不同空間的感覺。例如在地面或牆面劃分色塊，使喜好不同的用餐者都能各取所需，適得其所。

2.藉用各種隔斷：

隔斷的用法相當靈活，在使用隔斷時應注意分隔空間的比例，合理使用空間，盡可能不浪費有效面積。

（1）藉用家具和設備：利用家具和設備以遮擋視線爲出發點的空間分隔方法主要有下列四種：

＊推拉式隔斷：推拉式隔斷爲可推拉的活動隔斷，一般在餐館裝修時已經事先安裝好，上下設有軌道可以隨意分隔空間。這種推拉式隔斷一般用於多功能廳的區域劃分。

＊屏風：用屏風來遮擋視線分隔空間的方法在我國古代就已盛行，在中式餐館內或在飯店的中餐廳及會客廳應用較廣。竹簾、落地罩等也可取得似分非分的空間分隔效果，在餐館區分出不同的用餐小區，而且使用餐環境更加安靜與雅致。

＊帷幔：這是用織物製成的可上下或左右拉啓的空間分隔方式，餐館可根據私密性的程度及裝飾，要求採用不同的質料、大小、色澤進行設計。借助帷幔限定空間可以採用多種形式，造成不同效果。如圖所示爲兩個不同的餐廳用各自的方式，透過帷幔將空間巧妙地分隔開來，烘托出不同的氣氛，適應顧客不同的用餐要求（見圖4-1，圖4-2）。

＊火車座：餐館中運用「火車座」式隔斷，能在大廳內

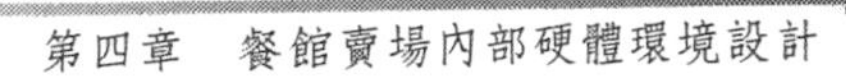

圖4-1　隔斷限定法

圖4-2　隔斷限定法

造成相對獨立性的空間，使不同座位的用餐顧客彼此互不干擾，增強各自的私密性。

（2）借用柱體

柱體一般可分爲承重柱和裝飾柱。承重柱的形狀處理通常依據原柱體的形狀，一般有方柱、圓柱、八角柱等。裝飾柱因其不承重，形式比較自由靈活，且位置、大小可以多變。所以，排列有序的裝飾柱常常成爲界面裝飾的重點。柱體是最簡單的垂直限定實體，當柱體位於餐廳中間時，在它與四周牆面之間劃分出幾個空間地帶。獨立的柱體本身就是空間的中心，由眾餐桌環繞，加以重點裝飾的柱體備受矚目。兩根柱子則可以限定一個面，這個透明的面就成了劃分空間的垂直界限，整個空間既有象徵性的分隔，又能流通。三根以上的柱體成對角布置時，則能將這幾根柱體所圍合的空間與柱外空間界定出來（見圖4-3）。

某餐館利用兩根柱子作爲垂直界限劃分空間，柱子兩側的餐飲空間既有象徵性的分隔，又相互流通，使人能感受餐廳的整體空間氛圍。柱體左側的條形餐飲空間由於有牆體的三面圍合，頂棚改做布藝軟吊頂，透出明亮而柔和的燈光，白色桌布上襯托著富於裝飾性的鮮藍色餐巾，使這一空間有別於柱體右側的空間，顯得寧靜而幽雅。又如一餐廳利用一排燈柱作爲界面，來分隔餐飲空間與交通空間，使整個餐飲環境有了圍合感，不受交通干擾。而且每個餐桌至少有一側依託於實體（牆、燈柱等），具有安定感。還有一家餐廳別出心裁地採用竹竿作爲垂直性實體來劃分空間，整個餐廳中有六百多根竹竿成組插置，圍合出一個個大小各異、既有分隔又相互流通的餐飲空間，並將有的地面局部抬高，形成三個圓形的台地空間，各空間彼此緊密相連，呈組團式組合。一叢叢竹竿的「根」都是石頭和土，寓意爲樹叢與竹叢，餐廳的意圖是讓顧客感到白天這裡是「陽光斑駁的林中午餐」，

而夜晚又是「星空下的酒宴」。

(3) 借用綠化和水體

崇尚自然、重視綠化的餐館中引進自然因素，將花草、山石、樹木、噴泉、瀑布等構成虛擬空間，賦予餐館賣場的空間環境勃勃生機、意趣盎然。

例如某餐廳利用水體劃分空間，由於水體較矮，左右兩個餐飲空間既有分隔，又融會在整個中庭內。水體成了室內的裝飾重點，其造型設計頗爲巧妙，底部的台座呈螺旋狀上升，托起一株姿態優美的樹叢，涓涓細流繞著螺旋體婉轉流入池中，嘩嘩作響。餐館室內引入大量綠化植物，陽光從玻璃頂上傾瀉而下，整個餐廳生機勃勃，豐富的空間與自然情趣兼而有之。還有一家餐廳在賣場中間用四面玻璃圍合出一個綠化庭院，這四個面分別與內牆平行，從而將餐廳分隔出四個餐飲空間。由於玻璃通透明亮，以此分隔的幾個空間並無單調和閉塞感，視覺上彼此流通，而且無論顧客在哪個空間內，都能觀賞庭院內的翠竹，整個環境顯得清新而幽雅。

第二節　餐館賣場色彩設計

色彩喚起人的第一視覺作用，比形體更先引人注意，它附著於形體又相對獨立於形體。視覺是左右人類感情的最重要感覺，對於餐館而言，色彩是首先指引顧客的視覺路徑。造成具有吸引力的色彩是增加顧客的捷徑，充分運用餐館賣場的色彩裝飾，往往可以在競爭上占得上風。不同的色彩代表不同的語言，帶給人不同的視覺感受，也使人產生相應的情感。透過色彩變化產生的各種色彩形象能渲染、烘托出不同的空間氣氛、情調，顯示不同的性格、風格，並對人的生理、心理產生作用。在進行餐館賣場設計時，對色彩正確的搭配與運用，將爲餐館賣場空間增色不少。否則，搭配拙劣的色塊堆積將造成極大的視覺污染，甚至會毀掉整個賣場應有的氣氛與意境。

一、色彩所代表的形象風格

色彩本身並沒有什麼感情內容，也不存在什麼風格。但是色彩與大自然，與人們的日常生活緊密聯繫在一起，在人們的生理與心理上產生了各式各樣的感覺。久而久之，在人們的心目中，色彩代表了一定的形象風格。由於不同的地理環境、不同的民族、不同的社會制度、不同的年齡和職業、不同的性格與心情、不同的季節和氣候，人們都會對色彩產生相應的某種感覺和感情，這種感覺和感情由色彩所代表的形象風格而來，決定了人們的審美意識。色彩還能引發人的聯想，使人聯想起過去的經驗和事物，這一特性可以用來創造人們熟悉的某種風格和氣氛。

（一）主要色彩的形象風格

傳統心理對色彩的反映成爲包裝裝潢中的形象色，也成爲人們對色彩所象徵的形象風格的認識。例如醫院的白色、郵局的綠色、消防車的紅色等等，便是一個行業專門的代表色。不同色彩給人的生理與心理造成的感受不一，以下介紹幾種主要色彩在人們心目中的形象風格。

■紅色

紅色是強烈的刺激色，又稱爲興奮色。它具有迫近感、擴張感，能給人熱烈而愉快的感覺，造成激動而熱烈的場面。所以比較適合於娛樂場所，但由於長時間接觸紅色會使人產生疲勞感，所以不適合在休息空間大面積使用。紅色與白色、黑色、淡黃及金黃色較爲調和。紅色帶給人的具體聯想爲火焰、紅旗、血、蘋果和太陽等；抽象聯想爲熱情、活潑、喜慶、生機、豪邁、溫暖、興旺、危險及動力等；飲食聯想爲濃厚及酸甜、熱辣。某咖啡店的四周背景黝黑，用紅色光投照，在牆上和地板上形成紅色光暈，整個空間顯得幽暗、靜謐，又具有刺激感，產生獨特的氛圍和情調。

■橙色

橙色也是一種興奮色、擴張色，給人熱烈與歡欣的感覺。它的視覺作用介於紅色與黃色之間，代表活潑、熱鬧、壯麗的形象風格。由於許多成熟的果實都呈現此色，橙色也讓人產生食慾，所以橙色非常適合餐飲空間。而且明度較高的橙色視覺效果較好，非常適合作爲點綴色，與白色、黑色、棕色搭配都能產生美妙的效果。橙色的具體聯想是胡蘿蔔、秋葉、香橙、柿子等；抽象聯想爲光亮、快活、健康、和諧、華美、陽氣與溫情等；飲食聯想能誘發食慾。

■黃色

黃色是自然界中最醒目、明度最高的色彩。我國古代帝王的服飾、宮殿及佛教宗廟常常選用黃色，給人高貴、富麗堂皇的感覺。而弱黃色由於可以造成明朗、輕快和溫暖的感覺，視覺效果較好，在餐館中也常常被採用。黃色與白色、棕色、綠色等色彩搭配比較適合。黃色的具體聯想爲向日葵、燈光、稻穗、檸檬、枯葉、香蕉等；抽象聯想爲華麗、輕快、鮮明、高貴、燦爛、光明、愉快、希望等；飲食聯想爲清香。

■綠色

綠色是大自然的顏色，使人聯想到生命、青春、健康和永恒，意味著自然與生長，象徵著和平與安全。淡綠色比較容易與其他色彩調和，深綠色適合用於窗簾及地毯。綠色與金黃色、白色搭配顯得寧靜而幽雅。綠色的具體聯想爲森林、草原、蔬菜、青山、樹葉、春天等；抽象聯想爲涼爽、清潔、安靜、生命、和平、新鮮、青春等；飲食聯想爲新鮮、清淡、自然。

■藍（青）色

藍色屬於冷色，具有收縮與後退感。藍色是天空與大海的顏色，能給人開闊、幽靜、涼爽、深沈的感覺。淺藍色適合用於採光較好的室內牆面或辦公室牆面。深藍色比較壓抑，不宜大面積使用，一般僅用於地面。藍色與白色搭配非常和諧。藍色的具體聯想爲天空、海洋；抽象聯想爲沈靜、理智、溫良、柔和、年輕、寂寞、陰鬱、理想、寧靜、永恒等；藍色帶給人的飲食聯想是負面的，讓人感覺不是食品。某餐廳運用藍色光進行投射，使整個空間籠罩在一片朦朧的淺藍色中，使人猶如置身於幽深的海洋，給人帶來一種飄逸感。

■紫色

紫色也具有收縮感。歐洲與中國古代帝王也喜歡用紫色進行裝飾，紫色也象徵高貴、莊重及典雅。但由於紫色的穩定性較差，再加上容易使人感到疲勞，所以在使用時應該非常謹慎。紫色作爲黃色的補色，常常用於點綴。紫色的具體聯想是葡萄、茄子、禮服等；抽象聯想是高貴、細膩、憂鬱、神秘等；紫色的飲食聯想也是負面的，讓人覺得食品已經開始變質，不宜進食。

■黑白色

黑白色爲色彩的極色，介於黑白之間的灰色系統稱爲無彩色，金銀光澤稱爲光澤色。

・黑色

黑色幾乎吸收一切光亮，給人沈重、莊嚴、肅穆及含蓄感。在室內一般僅少量用於家具、門、窗框，與其他色彩搭配使用時，可以使其他色彩更爲鮮艷和明快。黑色的具體聯想是黑夜、烏鴉、墨、黑髮、煤炭等；抽象聯想是莊重、厚重、沈著、古典、壓抑、死亡、悲哀、寂寞、嚴肅等；飲食聯想是食物已經焦糊變苦，不利於進餐。

・白色

白色基本不吸光，使人聯想到純潔、神聖與飄逸。純白色對眼睛的刺激太強，所以不宜在室內大面積使用，奶白色在室內則可以使環境變得輕盈而高雅。白色與其他色彩在一起可以降低其他色彩的彩度，並且由於它的反射轉移而獲得混閃色效果。白色的具體聯想是雪、白雲、天鵝、霧、白紙等；抽象聯想是純眞、潔白、神聖、明快、和平、寒冷、清楚等；飲食聯想是質潔、軟嫩、清淡。

・灰色

灰色是一種極穩定的色彩。含某一彩度的灰色（例如珠灰、米灰、藍灰、紫灰等），視覺效果比較柔和，可以令人情緒穩定並減輕視覺疲勞，所以在室內裝飾時經常使用，特別是在人們逗留時間較長的場所。灰色的具體聯想是鼠、煙灰、混凝土、天空等；抽象聯想爲謙和、失意、憂鬱、陰森、平凡、質樸等；灰色的飲食聯想也是負面的，讓人覺得食品不乾淨、沒食慾。

(二) 特有的色彩形象

色彩的形象風格雖然有一定的普遍性，但並非一成不變，而是因人而異的。不同的國家與地區、不同的民族與宗教信仰、不同年齡、性格與愛好的人，對色彩都有不同的愛好及禁忌，所以在不同的人面前，色彩所代表的形象是不同的。

■不同國家對色彩的喜好及忌諱

不同國家由於歷史文化、地理氣候及民俗文化、宗教文化的差異，對色彩所象徵的理解也不同。例如中國人喜歡用代表喜慶的紅色，忌諱黑色，但黑色在日本代表男子，被列為日本人所喜歡的色彩。

以**表4-1**、**表4-2**所示為部分國家與地區人們喜好及忌諱的色彩及部分國家與地區的色彩象徵。

■我國各民族的色彩象徵

我國有著廣闊的疆域，是個多民族國家。各個民族的生活習慣不同，在使用色彩上也有很大差異。例如伊斯蘭餐館的裝飾彩釉，常以藍色、綠色為主調，與拱券、花紋一起，構成容易識別的具有民族特色的風格和氣氛。

如**表4-3**所示為我國各民族色彩使用習慣。

■不同年齡性格的人的色彩喜好差異

不同年齡性格的人對色彩的喜好也有差異，一般來說，青年女性與兒童大都喜歡單純、鮮艷的色彩；職業女性最喜歡的是有清潔感的色彩；青年男子喜歡原色等較淡的色彩，可以強調青春魅力；而成年男性與老年人多喜歡沈著的灰色、藍色、褐色等深色系列。不過，性格的不同也會影響對顏色的喜好。對於性格內

表4-1　部分國家和地區色彩喜好及忌諱

國家和地區	喜歡的色彩	忌諱的色彩
中國	紅色、橙色	黑色
日本	黑色、紅色	綠色及荷花
馬來西亞與新加坡	綠色	白色、黃色
土耳其	綠色、白色、紅色	花色
伊拉克	藍色、紅色	橄欖綠、黑色
埃及	綠色	藍色
保加利亞	灰綠色、茶色	淺錄、鮮明色
德國	黑灰色	茶色、紅色、鮮明色
法國	灰色、黑灰、黃橙色	墨綠色、黑茶色、深藍色
義大利	綠色、黃色、橙色	黑色
比利時	略	藍色
愛爾蘭	綠色	紅白藍組色
瑞典	略	藍黃組色
挪威	紅色、藍色、綠色	黑色
西班牙	黑色	黑色
美國	藍色	略
泰國	鮮艷的色彩	黃色、黑色
中國港澳地區	紅色、綠色	藍色、白色
古巴	鮮明色彩	略
秘魯	略	紫色

斂、內向者多半喜歡青、灰、黑等沈靜的色彩；而性格活潑開朗、樂觀好動者則會更中意紅、橙、黃、綠、紫等相對鮮艷、醒目的色彩。所以，餐館也要根據自身產品的目標對象設計賣場的色彩，選擇目標顧客所喜歡的配色。例如，一些以女性爲主要服務對象的咖啡店、小餐館，一般利用淡黃和咖啡色、淡紫色與玫

表4-2　部分國家和地區色彩象徵

色彩／國家	紅色	橙色	黃色	綠色	藍色	紫色	白色	黑色
中國	南、火（朱雀）	中、土	東、木（青龍）	西、金（白虎）	北、水（玄武）			
日本	火、敬愛		風、增益		天空、事業		水、清淨	土、降伏
歐美	聖誕節 萬聖節		復活節	聖誕節	新年	復活節	基督	萬聖節前夜
古埃及	人		太陽	自然	天空	地		

表4-3　我國各民族用色習慣

民族	習慣用色	忌諱
漢族	紅色表示喜慶	黑白多用於喪事
蒙古族	橘黃、藍色、綠色、紫紅色	淡黃色、綠色
藏族	白色代表尊貴、喜歡黑、紅、橘黃、深褐色	淡黃色、綠色
維吾爾族	紅、綠、粉紅、玫瑰紅、紫、青、白	黃色
苗族	青、深藍、墨綠、黑、褐	白、黃、朱紅色
彝族	紅、黃、藍、黑	
壯族	天藍色	
回族	藍色、綠色	不潔淨的色彩
京族	白色、棕色	
滿族	黃、紫、紅、藍	白色

瑰色配上金銀等色妝點，適合女性性格。

如表4-4所示爲不同年齡段的色彩偏好。

表4-4　不同年齡段的色彩偏好

年齡	偏好的色彩
幼兒期	紅色、黃色等純色
兒童期	紅色、藍色、綠色、黃色等純色
青年期	藍色、紅色、綠色
中年期	紫色、茶色、藍色、綠色
老年期	褐色、茶色、藍色

二、餐館色彩藝術的運用

餐館色彩藝術的運用是一門綜合性的學科，它並沒有固定的模式。因爲具有極強的實際應用性，餐館色彩設計應與餐館賣場不同區域的功能、顧客的心理需求、餐館所提供的產品緊密結合在一起。但餐館賣場的色彩設計是否成功，主要在於是否能正確運用各種色彩間的關係。首先要確定餐館賣場總體的色彩基調，然後再針對賣場的不同區域功能設定搭配的色調。處理色彩的關係一般是根據「大調和，小對比」的基本原則。即大的色塊間強調協調，小的色塊與大的色塊間講究對比。在總體上應強調協調，但也要有重點地突出對比，產生畫龍點睛的作用。而且還應注意的是，建築色彩講究色相宜簡不宜繁，彩度宜淡不宜濃，明度宜明不宜暗。所以，在餐館賣場的色彩選用與搭配上也要遵循此法，主要色調不宜超過三色。

(一) 色彩搭配對於賣場設計的重要性

■重要的感官吸引力

眾所周知，人類根據五種感覺——視覺、聽覺、嗅覺、觸覺、味覺產生不同的心理作用，進而採取行動。無論是購買意向、商品選擇、購買行爲等，都受這五種感覺左右。據調查，在日常用品中，這幾種感覺的比率爲：視覺占65％、聽覺占15％、味覺占15％、觸覺占10％；在餐飲業，這幾種感覺的比率分別爲：視覺占60％、聽覺占15％、味覺占15％、嗅覺占10％。各行業的共同點是，視覺所占的百分比最高。由此可知，賣場的色彩選擇和搭配對於商品銷售的重要性。

■情感作用

色彩是沈默無言的，然而卻能透過眼睛在心裡沈澱爲一種心境，色彩帶給人的情感作用是不容忽視的。色彩的良好搭配能帶給人美妙的色彩環境及富有詩意的氣氛，而失敗的色彩搭配將會使整個環境變得不適。因此，色彩對於商家而言，是強化促銷所不可或缺的重要因素。有些餐館對色彩的搭配比較重視，對色彩進行了深入研究；但也有一些餐館對賣場色彩的關心程度較弱，特別是以固定顧客爲對象的餐館。不注重色彩的運用，在激烈的競爭中就難以立足，最終敗下陣來。

例如在某社區最先開張的一家餐館，在設計賣場時也許沒有注重色彩的選擇與搭配，選擇了寶藍色作爲牆面，而餐桌則是大紅色，餐椅爲黃色。三原色在此濟濟一堂，整個環境顯得極不和諧。幸虧當時社區內僅此一家，顧客無從選擇，所以未見蕭條。但是好景不長，餐館旁邊馬上又有一家餐館開業，這家餐館深諳色彩之道，選用了明媚溫暖的橙色爲主要基調，運用同類色與對比色進行搭配。整個環境顯得輕鬆活潑，令人食慾頓開，非常適合這家以經營台式食品爲主的便利店。所以開張以後顧客盈門，迅速占領市場，而先前那家餐館顧客寥寥，最後只能停業重新裝修以求轉機。還有一家餐館開業以來生意一直欠佳，聽從色彩學專家的建議之後，將原先白色的牆壁和桌面漆成了淺藍色，結果劣勢迅速扭轉，前來用餐的顧客絡繹不絕。但是人們用完餐後遲遲不走，影響了翻台，再次求教後，又將餐館賣場的主色調改爲橙色系列，結果事如所願，顧客依然盈門，而且用餐時間周期縮短，增加了餐館的翻台率。究其原因，藍色帶給人安寧、清雅之感，疲勞了一天的人們希望在此得到休息；而活潑的橙色激起人們食慾的同時，也使長時間停留在此環境中的顧客坐立不安，縮短了用餐周期。無獨有偶，另一家餐館設在鬧市，服務熱情周到且價格便宜，但是前來用餐的顧客卻很少，門庭冷落。後來請教專家，將餐館內紅色的牆面改爲綠色，把白色的餐桌改爲紅色，生意大爲改觀。究其原因，綠色的牆面，使顧客感到安寧、舒適，而紅色的桌面，則使顧客快吃快走。所以，色彩搭配與運用是值得餐館經營者精心揣摩研究的一門學問。

■改善空間

色彩有前進和後退的視覺效果，一般暖色給人感覺突出、向前，冷色則收縮、後退。色彩的這種特性可以突出立體感，例如要強調凸出的形體，可以在凸面上採用暖色及明度較高的色彩，而在其相鄰的部分採用冷色與明度較低的色彩。

■豐富造型

色彩還具有豐富造型的作用。在對單調實牆面進行裝飾時，鮮明的色塊與奇特的構圖，可以使牆面豐富生動，在裝飾材料不變的條件下，取得良好的效果。例如某咖啡店外形受條件限制如同方盒子一般，形式呆板。但透過紫色、淺藍色、白色、紅色等色塊處理，利用巧妙的構圖和強烈的色彩對比，便其形象更加生動和豐富，給人留下稚氣、可愛的印象。

■統一賣場形象

賣場的色彩就如整個賣場的精神面貌，主色調及標準色的採用，可以使裝飾構件繁雜、造型凌亂的賣場變得統一協調，更爲純淨，產生和諧美。

(二) 餐館賣場環境同類色的搭配組合

■概念

同類色搭配是指色相相同或相近，而明度、彩度不同的色彩組合在一起。例如咖啡廳裡淺藍灰色的牆面與深藍色的地毯及天藍色的桌布，營造出寧靜高雅的空間。這種搭配即是典型的同類色搭配。

■應用

同類色是典型的調和色，搭配效果爲簡潔明淨、單純大方。餐館採用這樣的色彩搭配能使餐館的色彩環境有利於減少與消除顧客的疲勞感，使顧客在用餐的同時能盡快恢復精力，達到休憩的目的。但是同類色組合也容易產生沈悶、單調感，所以在應用時通常利用物體的不同質地、機理和光影的差別，適當地加大色彩的濃淡度，並且在此基礎上配以對比色的裝飾、擺件或陳設物的點綴。在色相與冷暖等方面與基調相對照時，雖然所占的色塊不大，但會產生明顯的效果，使整個賣場空間增添生動活潑的氣氛。例如一家西餐廳內選用紅色爲其主色調，牆面採用淺粉紅、窗簾爲明亮的雅淺紅、地毯和家具採用雅紅色，並且在此基礎上對餐巾、酒單配以局部的淺綠灰色對比點綴，提供給顧客一個充滿活力又不失雅致的增加食慾的環境。

(三) 餐館賣場環境鄰近色的搭配組合

■概念

鄰近色搭配是指在色環上九十度範圍內的色彩組合，即色環上色距大於同類色但色距又未及對比色的色彩組合在一起。鄰近色又可稱爲類似色及近似色。例如，紅、紅紫和紫，黃、黃綠和綠等色彩的搭配，就是典型的鄰近色搭配。在第一組色彩搭配中，紅色是三者都含有的原色成分；在第二組色彩搭配中，黃色是三者都含有的原色。所以，鄰近色的組合也是一種調和色搭配。

■應用

由於這種搭配比同類色搭配更富有層次和變化，而且適用於空間較大、色彩部件較多、功能要求複雜的場所，所以在飯店與餐館中應用較廣。運用鄰近色處理餐館賣場色彩關係的一般規律，是利用一兩個色距較近的淺色作爲背景，形成色彩的協調感，再用一兩個色距較遠、彩度較高的色彩妝點餐桌、餐椅及陳設，形成重點，以取得主次分明、銜接自然的結果。例如，某一餐廳用淺檸檬黃及淡青色作爲遠背景，橙黃色的藤椅、深綠色的椅墊及餐巾花點綴其中，這樣的搭配集沈靜與跳躍於一身，充滿生命的熱忱之感，在這樣的環境裡用餐令人賞心悅目，不失爲一次愉快的享受。

(四) 餐館賣場環境對比色的搭配組合

■概念

對比色搭配是指色相性質相反或明暗相差懸殊的色彩搭配在

一起。例如，紅色與綠色、黃色與紫色、藍色與橙色、黑色與白色的搭配，都屬於對比色搭配。這種搭配能表現出一定的冷暖、明暗的對比性。在色相環上相對應的色彩，即互爲補色的兩種色彩的搭配，是最典型的對比色搭配，稱之爲補色搭配。與此相對，非補色的對比搭配，則稱之爲弱對比搭配。

■應用

補色搭配對比強烈，具有鮮明、活潑、跳躍的視覺效果，在中式餐廳此類配色方法應用較爲頻繁。例如，紅綠相配的色彩能提高顧客的流動率，紅色桌面配以墨綠椅面，黃色沙發配以紫色靠墊等，都會給人很強烈的視覺衝擊。對比配色還能突出商品，例如陳列鮮綠蔬果的櫥窗背景可採用粉紅色，使蔬菜的色澤更爲青翠可人；在飲料吧台的周圍運用檸檬色或粉紅色，能使顧客聯想到又酸又甜的味道，產生購買衝動。但是，如果運用大面積的補色，並且當色彩的明度、純度較高，對比色的組數過多時，就很容易造成對視覺的過度刺激，使顧客對環境產生對抗心理。所以，在進行對比色搭配時，應該注意下列幾項：

・對比色所占面積的比例

在進行對比色搭配時，對比色所占面積應有一定的比例，即明顯的主次之分。古人所指的「萬綠叢中一點紅」，說明了色彩的主次面積和主次分明關係。「萬綠」爲基色、主色，「一點紅」是補色、點綴色。如果在以黃色基調爲主的餐廳裡配上紫色的椅墊，在以藍色爲基調的咖啡廳裡配以橙色的燈罩與餐巾，整個環境就會顯得主次分明，充滿生氣。

・對比色彼此的交錯與滲透

在應用對比色進行搭配時，還應注意對比色之間應彼此交錯、滲透。不能使對比色均分面積，成爲獨立區域。例如餐館是

以紫色的地毯配以大面積的黃色桌布及窗簾，那將會大大影響該餐館的回客率。如果酒吧的地面採用暗紅色大理石，櫃台爲綠色大理石，這樣的搭配無疑也是失敗的。

- 適當採用中和色

在應用對比色進行搭配時，還應適當採用中和色加以調和，這將會收到理想效果。例如，在餐館中採用黑色、灰色、白色、金色或銀色等任何一種中和色，穿插在本身不穩定的對比色中，就會減少對比色對視覺造成的強烈衝擊，使餐館的整個色彩環境變得生動而不失調和，活潑而不失穩重。

（五）餐館賣場環境有彩色與無彩色的搭配組合

有彩色產生活躍的效果，無彩色產生平穩的感覺。這兩種色彩搭配在一起，將會取得最佳的效果。黑色代表莊重大方，白色代表明亮純淨，黑色與白色作爲兩種主要的無彩色，應用範圍很廣。它們的合成色灰色由於與其他色彩相互組合時，既能表現差異，又不互相排斥，具有極大的隨和性，所以也被頻繁地用於色彩搭配。某家酒吧的主要色調爲黑色、白色與灰色，在其中穿插著艷麗的彩色物品與小擺設，結果使整個環境別有一番情趣，極具現代感。

目前世界的普遍潮流是環保與親近自然。所以，在進行色彩搭配時，可以根據餐館的實際情況運用模仿自然的色彩搭配方法。這種色彩搭配方法是以自然景物或圖片、繪畫爲依據，按照其中的色塊比例進行賣場空間色彩搭配。這些模仿自然或圖片的色彩搭配能使人聯想到大自然，給人清新、和諧的感覺。例如一家餐館的頂面選用藍色，夜晚在點點星光的映襯下，令人恍如置身於浩瀚宇宙之中。還有一家咖啡館運用簡單的模仿搭配方法，取得了意想不到的效果。它的色彩模仿搭配的對象不是大自然，而是鋪設在地面的地毯。根據地毯上配有的各種色彩及其配比關係，對室內其他裝置與陳設進行色彩配置，結果整個空間顯得無比和諧。

第三節　餐館賣場照明設計

光是呈現室內一切，包括空間、色彩、質感等審美要素的必要條件。只有透過光，才能產生視覺效果。但是提供光亮，滿足視覺功能的需要只是照明的其中一個功能，僅能提供光亮的賣場是不能吸引顧客的。餐館賣場照明的另一個重要功能，與色彩在賣場中所扮演的角色相同，便是塑造整個賣場的氣氛、強調優雅的格調、創造預期的賣場效果。照明也是改變室內氣氛和情調的最簡潔方法，它可以增添空間感，削弱室內原有的缺陷。光照和光影效果還是構成賣場環境最爲生動的美學因素。

一、餐館賣場自然採光和人工照明

餐館賣場的光源來自自然採光和人工照明兩個方面。自然採光主要是指日光與天空漫射光，人工照明包括各種電源燈。

(一) 餐館賣場的自然採光

自然採光是將自然光引進室內的採光方式，自然光線具有亮度、光譜等特性，並且與自然景色相連。視覺實驗表明，人眼在自然光環境下比在人工光環境下具有更高的靈敏度。自然採光除了帶給人親切、舒適的感覺外，還能節約能源、利於環保。室內自然採光一般分爲兩種方式，即側面光與頂面光，頂部垂直採光

照度比側面光照度高三倍。一年四季太陽光線的位移、每時每刻的變化，都向室內提供時間、氣候等訊息，豐富了視覺形象，也帶來了大自然的勃勃生機。隨著人們愈來愈注重與大自然的親近，一些餐館在如何最大限度地引進自然光線這方面做了很大努力。例如一些位於風景區的餐館，採用大面積的落地玻璃窗與天窗，既可以讓在此用餐的顧客欣賞窗外的美景，又引入自然光線，一舉兩得。自然光線對空間、物體的照射因其角度、強弱、光色的不同會產生不同的氣氛，而引進自然光的各式門窗也因此成爲多姿多采的畫框。水平的窗舒展，豎向的窗猶如中國的條幅；天窗架陰影構成的圖案隨時間推移而悄悄轉移，透過頂上的天窗還可以看見藍天白雲；各種窗花在地面投下的圖案更是富有變幻、光影交織、生動活潑。

（二）餐館賣場的人工照明

人工照明是透過各種燈具照亮室內空間，有強光、弱光、冷色光、暖色光、可調節照度和光色的照明等。人工照明是賣場照明設計的重要內容，照明手段的不斷創新和燈具的發展，爲餐館賣場的使用功能和環境氣氛注入了源源不斷的生機。

餐館賣場的人工光源（電源燈）主要包括白熾燈與螢光燈兩大類，其他電源燈的使用相對較少。白熾燈光色偏於紅黃，屬於暖色，能創造出溫馨、寧靜、親切的氣氛。螢光燈由於發光原理不同，與白熾燈有很大區別。螢光燈發光效率高，發光表面亮度低，光線柔和。螢光燈的光色分爲自然光色、白色和溫白色幾種。自然光色系列是直射陽光和藍色空光的混合，接近於陰天的光色，其色偏藍，給人一種涼爽的感覺；白色光系列較接近於直射陽光和圓月色；溫白色系列較接近於白熾燈光色。

二、餐館賣場的照明方式

（一）從照明角度分類

■一般照明

一般照明是爲照亮整個被照面而設置的照明裝置，使室內環境整體達到一定照度，滿足室內的基本使用要求，而不考慮特殊的局部需要。一般照明均勻的亮度，可以避免眼睛炫光。例如餐館裡的室內頂燈及吊燈等，都屬於一般照明。

■局部照明

局部照明是指專門爲照亮某些局部部位而設置的照明裝置，通常是加強照明度以滿足局部區域特有的功能要求。局部照明能使空間層次發生變化，增加環境氣氛和表現力，如餐館內設有的投射燈、休息區的落地燈等。下圖所示餐廳將環境照明與局部照明結合，使餐廳的光線環境富有層次和變化，局部照明重點在投射牆上的繪畫，使餐廳頗具文化氛圍（見圖4-4）。

■混合照明

混合照明是指在同一場所中，既設有一般照明，以解決整個空間的均勻照明；又設置局部照明，以滿足局部區域的高照度及光方向等方面的要求。

（二）從活動面角度分類

■直接照明

直接照明是指90％以上的燈光直接投射到被照物體上。直接

圖4-4　餐廳照明效果

照明採光係數較大，照明無間隔、不靠反射，其特點是發光強烈，投影清楚，能使被照物體顯現出鮮明的輪廓。直接照明的特點比較適合公共大廳等人數流動較多的場所，在餐館應用也較廣。例如宴會廳內設有一定的直接照明，使整個大廳變得燈火通明、熱情華麗，利於創造隆重華貴的氛圍。

■半直接照明

半直接照明是指室內照度60％以上照射在被照物體上，由於有部分光線向上照亮了平頂，所以下方光透量比直接照明有所減少，使亮度變得更爲舒適、柔和，一般採用半透明玻璃、有機玻璃、透明紗等材料加在燈具上，也能擋住一定光線，從而給環境以寧靜、舒緩、祥和的氣氛。這種照明方式適用於休閒餐廳及咖啡廳等需要相對比較安靜的場所。

■漫射照明

漫射照明是指使光線上下、左右的光透量大致相同，這種照明光線無定向、均衡而柔和，並且不會造成明顯陰影，帶給人一種恬靜、舒適的感覺。漫射照明的主要方法是利用罩有乳白色的半透明磨砂玻璃或有機玻璃燈罩的照明燈，在餐館通常被用於過廳、通道、雅座、庭院等場所。使整個環境具有朦朧感，更添詩情畫意。

■半間接照明

半間接照明是指大約60％的光線向上照射在頂棚上或打在牆面上，而反射過來只剩下少量柔和的間接光線照射在被照物體上，另有小部分光線則透過漫射。半間接照明具有一定的私密性及幽靜感。對建築頂部輪廓能給予強調刻畫。在餐館常用作裝飾照明。

■間接照明

間接照明是指90％的光線照射到頂面或牆面，完全依靠反射回來的光線照明的一種方式。間接照明光線非常柔和，很少有投影，對眼睛不產生刺激，能使天花板及牆變得更高。其裝飾效果非常突出，有些餐館直接將燈裝在地板下，蓋上玻璃罩，使光線直接向上反射，產生的環境氣氛非常溫和安寧。

三、餐館照明藝術的應用

在餐館內只選擇一種燈具、應用一種照明方式是不可行的。照明設計在餐館賣場設計中占有重要的地位，它既要達到採光功能上的照度要求，還要滿足藝術上的裝飾要求。因此餐館燈光設計包括功能性照明與藝術性照明兩部分。不同等級的餐館功能性照明與藝術性照明相結合的比例並不相同。經濟型餐館大量採用功能性照明，而高級、豪華的餐館則大量使用功能性與藝術性相結合的照明，在某些重要廳室還使用純藝術性照明。餐館照明藝術的應用關鍵在於如何搭配各種光源、如何利用照明的組合設計，來營造餐館所需的氛圍，達到預期的效果。

（一）餐館賣場人工照明的重要作用

人工照明除了滿足亮度，對環境氣氛的營造有著非常豐富的手法。

■人工照明的導向性

人有趨光的本能，透過燈光序列組織所產生的光的導向性，可以突出餐館外空間到內空間及內空間各個層次的銜接。例如某餐館在門廳外的檐棚下裝配滿天星螢光燈飾，在黑夜中閃爍著點

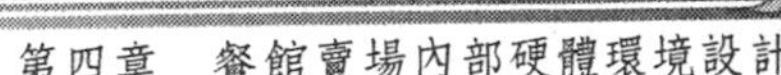

點星光，吸引顧客前往。其門廳跨越兩層，上層入口平頂上的光帶將客人引向自動扶梯至下一層大廳，光帶沿著平頂銜接了兩層空間，具有很好的導向性。

■創造虛擬空間

人工照明能透過改變光的投射，使空間界面形成強烈反差，突出空間造型的體面轉折，而且還可以利用明亮的光照模糊空間界面的變化，減弱空間的限定度，創造虛擬空間。透過人工照明，可以調整空間感，誇大或縮小空間的尺度。例如用反射光照射頂棚或側牆的上方，可以使空間感向上擴展，增強空間的深邃感。利用人工照明還可以限定空間，劃分區域，明確一個空間範圍。例如在座席上方低垂的一片光帶或餐桌上方一個光源所投射的區域等。北京崑崙飯店四季廳內不設背景光，只在幾組六角形茶座和山石水池間設局部照明，藉大的四季廳空間似隱退，仰首可見夜空，使賓客恍如置身於露天。

■照明方式的渲染

人工照明的不同角度照射可以強調空間形態、界面質感或裝飾，不同布置方式可以利用光、光暈或光影裝飾空間界面。在餐館大廳或宴會廳，高照度的吊燈使整個氣氛熱烈而華貴；在酒吧或咖啡廳，隱蔽光源或幽暗的散射照明使整個氛圍神秘而幽雅。

■照明光色的烘托

人工照明具有多種顏色，也有冷暖之分。暖色調的色光，能產生溫暖、華貴、熱烈、歡娛的氣氛，而冷色調的色光，會造成涼爽、樸素、安寧、深遠之感。例如中式宴會廳在暖色光的照耀之下，顯得富麗堂皇、熱烈歡娛；而酒吧裡藍色光的烘托，使人猶如置身於幽深的海洋或深邃的夜空，充滿神秘的氣氛。餐館隨

著季節變化，相應的一些燈具也要加以調整，不同光色的人工照明在此發揮著不可替代的作用。在冬季適用的暖色光源在烈日炎炎的酷暑就不怎麼適合了，這會使餐館的空調降溫性大打折扣，此時換上偏冷或是中性的光色照明將是明智之舉。

■表現材質的質感和色彩

透過對人工照明的強弱及投射角度的設計，可以充分表現材料的質感美，強化對質感肌理的表現。將光線照射在具有反射性能的材料上，例如不銹鋼等，可以使光線交相輝映，使室內燦爛奪目。除了表現材質的質感美，照明還利於表現材質的色彩美。

■照明的裝飾作用

照明的裝飾作用來自光線的裝飾作用及燈具本身的裝飾作用。例如，人工照明可以形成各種光圖案、光畫，具有特殊的裝飾效果。光線與其他材質的巧妙配合，更能產生意想不到的效果，例如從一些鏤空的裝飾圖案或裝飾紋樣的背面打強光，使圖案與紋樣具有更突出的裝飾效果。在下例的開放式廚房中，除了天花板上的投射燈外，在裝飾牆面的背面打光，也產生了很好的裝飾效果。除此之外，燈具也具有很強的裝飾性，一些燈具本身就是具有很高藝術價值的藝術精品（見圖4-5）。

■照明的特技處理

照明的特技處理，能非常有效地產生特別的照明效果及氣氛。在一些主題酒吧中，爲了創造出一個經典的主題，烘托出獨特的氣氛，燈光的特技發揮了淋漓的作用。

圖4-5　照明的裝飾作用

（二）餐館外部照明

■招牌照明

招牌的照明方式有兩種：一是用投光器投射招牌、店標，便於遠距離識別；另一種是用燈光映襯招牌，在招牌的背後以高亮度的光線爲背景，以實體字遮擋光線，清晰地映襯出字體外輪廓，使之易於識別。例如某酒吧在店面照明處理上「惜墨如金」，只用了少量的燈具進行照明和裝飾，而主要透過明暗處理來突出重點。設計者把寫有店名的兩個燈箱用冷光色處理，並分置左右，而在門的上方採用照度較高的筒燈，突出門的木質本色，同時在門上開設不規則的小洞透出內部的暖光，使門部分的光感強烈又活潑。

■霓虹燈照明

霓虹燈因爲內充氣體不同，電流大小變化，可以呈現出不同的色彩，還可以造成閃爍感和動感，特別引人注目。霓虹燈可以組成面光源與線光源，色彩鮮艷、富於變幻，而且易於加工。在餐館外霓虹燈常常用來強調形體的外輪廓，組成各種圖形、標誌與字體。

■櫥窗照明

櫥窗照明中可以採用點光源，重點照射被陳列的食品。燈具應選用顯色性高的白熾燈，白熾燈的光線強調暖色，使食品的色澤更爲鮮艷誘人。

（三）餐館內部照明

講究裝飾的餐館經常選擇一些有著優美造型極富藝術特色的

燈具，以顯示與等級、規模、餐廳命名相呼應的特點。在日間燈具的造型點綴著空間，在夜晚這些燈飾更是煥發出引人入勝的華麗光彩，成爲空間的構圖中心，人們注視的焦點。一些巨型水晶吊燈高達十多公尺，由上百盞燈組成，似瀑布般流光溢彩、晶瑩華貴，使每個見過它的人過目不忘。還有些精美的燈飾加以組合後成爲光的雕塑，讓人嘆爲觀止。但是吸引力也並不盡是靠著造價不菲的豪華燈飾而來，一些簡單的小燈飾由於布置得當，尺度宜人可親，與色彩環境相得益彰，同樣能博得賓客的喜愛。例如某茶樓選用立體燈柱，一排排燈柱既分隔出不同的飲茶空間，又成爲室內的裝飾點綴。其左側的燈向客席投射，而右側牽牛花狀的燈則向頂棚投射，形成一朵朵光暈，頗有裝飾效果。餐館的燈具布置也分爲重點和一般，在重要的公共部分採用造型與光效突出的藝術花飾燈，而在一般的過廳、走廊等則選用普通筒燈或較爲簡單的燈飾。

■燈具種類

・頂面類燈具

頂面類燈具有吸頂燈、吊燈、鑲嵌燈、掃描燈、凹隱燈、柔光燈及發光天花板等類型。例如有的西餐廳的頂面燈具與平頂鏡面相結合，活躍而輕盈。上海花園飯店宴會廳是原法國俱樂部的舞廳，改建過程中精心保留了原有的中心式彩色玻璃吸頂燈，工藝精湛，色彩圖案高貴氣派。

・牆面類燈具

牆面類燈具有壁燈、窗燈、檐燈、穹燈等種類，散光方式大都爲間接或漫射照明。光線比頂面類燈具更爲柔和，局部照明給人以恬靜、清新的感覺，易於表現特殊的藝術效果。

・移動式燈具

移動式燈具是指沒有被固定地安置在某一地點，可以根據需要調整位置的燈具。例如落地燈與台燈等。落地燈與台燈一般用於餐館的待客區及休息區等區域。

■燈具風格

燈具的造型及用材，可以呈現一定的風格。除了光的造型之外，晝夜都能欣賞的燈具造型也是呈現餐館室內文化氛圍的重要因素。燈具風格與造型與賣場界面處理、家具陳設等共同詮釋餐館賣場的空間特性。

・古典西式燈具

古典西式燈具的造型受電源燈產生前的人工照明影響，與十八世紀的歐洲非電源燈的造型非常相似。

・傳統中式燈具

傳統中式燈受到中國民間和宮廷的油燈、燭燈影響，具有代表性的特點為燈籠與多角形木結構燈具。上海西郊賓館怡情小築門廳一串木燈籠自斜頂木梁懸下，旁有透空而簡樸的樓梯，下方一泓水池，六角形燈籠造型輕巧精緻是江南傳統燈具的演化，頗具新意。新加坡董宮大酒店門廳的大紅燈籠也生動呈現了中國傳統喜慶有餘的氣氛。

・日式傳統燈具

日本式傳統燈具的特點是框式頂燈及配有竹木架的各式燈具，別有風味。

・現代式燈具

隨著高技術新光源的發展，現代燈具的新類型層出不窮，可見光色與照度的新型光源成為餐館裝飾的主力軍，使室內環境根據各種功能的需要，變化出多種氣氛。

第四節　餐館面積指標及家具布置

遍布鬧市區、大街小巷的各類餐館根據經營產品、經營層級的不同，有著不同的規模，大的餐館營業面積可達上萬平方公尺，成爲餐飲業的航空母艦；小的餐館只占據街邊一個十幾平方公尺的小店面，同樣生意興隆，顧客不絕。餐館的面積大小及家具配備，都與顧客動線與服務動線有著密切關係，也直接影響顧客的用餐效果。

一、餐館面積指標

餐館的面積指標以每餐座的平均面積計算，以每座的平方公尺爲單位。

(一) 影響面積指標的因素

影響餐館面積指標的因素很多，主要有如下一些因素：

■餐館種類

餐館經營產品不同，相對的面積指標就有變化。一般來說，經營正餐的餐館面積指標相對較大，經營麵點小吃的餐館面積指標相對較小。

■餐館等級

餐館等級愈高，供菜及服務方式的要求就愈高，面積指標也越大。

■餐館大小

餐館大則面積指標相對較低，餐館小則面積指標相對提高。

■餐座形式

不同的餐座形式產生不同的面積指標（參見**表4-5**）。

表4-5　不同餐桌形式的面積指標

餐座構成	座位形式	平方公尺／人
正方形桌	平行（2座）	1.7～2.0
	平行（4座）	1.3～1.7
	對角（4座）	1.0～1.2
長方形桌	平行（4座）	1.3～1.5
	平行（6座）	1.0～1.3
	平行（8座）	0.9～1.1
圓桌	圓桌（4座）	0.9～1.4
	圓桌（8座）	0.9～1.2
車廂座	相對（4座）	0.7～1.0
長方形桌（自助餐）	相對（4座）	1.3～1.5（1.4～1.6）
	相對（6座）	1.0～1.2（1.1～1.3）
	相對（8座）	0.9～1.0（1.0～1.2）

備註：括弧內爲用服務餐車時所需指標

■飯店等級與規模

對於隸屬於飯店的餐廳而言，飯店的等級和規模直接影響餐廳的面積指標。飯店等級愈高，餐座要求愈寬敞舒適，餐座間通道和服務通道相應增寬。等級高的飯店餐廳要求安逸舒適，服務迅速，面積指標也相應提高；等級低的飯店餐廳主要追求經濟效率，面積指標也相應降低。飯店的規模與餐廳面積存在正比關係，一般而言，中型飯店的主餐廳面積不宜大於500平方公尺，餐座數約小於300座；小型飯店的主餐廳不宜大於350平方公尺，餐座數約小於200座。一家飯店中往往設有不同類型的餐廳，以滿足不同需要。大中型餐廳餐座總數約占總餐座數的70％～80％，小餐廳約占總餐座數的20％～30％。

(二) 各類餐廳面積指標

不同國家對餐廳面積指標的規定各有不同，但同類餐館的指標大體相近。英國資料統計，高級西餐廳面積指標爲1.7～1.9平方公尺／座，一般西餐廳爲1.3～1.5平方公尺／座。美國SOM設計事務所的設計標準中，正餐廳1.8平方公尺／座、風味餐廳2平方公尺／座、小餐廳2平方公尺／座、屋頂餐廳2平方公尺／座、西餐廳2.2平方公尺／座。索尼斯塔飯店的經理人員爲指定飯店面積的分配標準進行了大量研究，他們對餐飲服務場所的分配方案是：正餐廳中每個座位占1.67～1.86平方公尺；咖啡廳每個座位占1.39平方公尺；酒吧每個座位占1.1～1.39平方公尺；宴會廳每個座位占0.93～1.11平方公尺。我國各類餐館的面積指標一般爲咖啡廳1.5～1.8平方公尺／座，酒吧爲0.8～2.0平方公尺／座。

二、餐桌形式與尺寸

(一) 方形桌

中餐館一般採用方桌與圓桌。方桌規格通常爲78公分或90公分見方，高爲75公分。

這種方桌的使用功能最多，它既可以充當圓桌面的桌腳，又可以拼成會議桌、中心餐台、酒吧台、水果台、點心台等。由於這種桌子用途很廣，使用靈活，一個能供300人同時進餐的餐館一般需要50張。方桌正放與斜放所需的面積不同，斜放相對來說面積更省。

如**表4-6**所示爲餐館方桌尺寸與指標。

表4-6　餐館方桌尺寸與指標

布置方式（公尺）	正放				斜放			
方桌邊長（公尺）	0.78	0.80	0.85	0.90	0.78	0.80	0.85	0.90
方桌最小尺寸（公尺）	1.78	1.80	1.85	1.90	1.58	1.60	1.64	1.67
方桌舒適尺寸（公尺）	2.13	2.15	2.20	2.25	1.78	1.80	1.85	1.90
每座面積指標（平方公尺／座）	0.79～1.13	0.81～1.16	0.86～1.21	0.90～1.26	0.62～0.79	0.64～0.81	0.67～0.86	0.69～0.9

（二）圓形桌

圓形桌也有不同尺寸，小圓桌可以設4～6個餐位，大圓桌可以設10～12個餐位。圍桌用餐是中國人的習慣用餐方式，常見於中餐廳及宴會廳。圓桌的大小與人數的關係以每人占60公分邊長爲最底限，否則就顯得擁擠。圓桌最小尺寸可以按下列公式計算：

圓桌最小直徑＝（60×座位數）／3.14（單位爲公分）

如**表4-7**所示爲餐館圓桌尺寸與指標。

表4-7　餐館圓桌尺寸與指標

用餐人數（人）／圓桌尺寸（公分）／餐廳級別	2人	3人	4人	6人	8人	10人	12人	14人	16人
豪華級中餐廳	70	85	95	130	155	185	225	260	300
舒適級中餐廳	60	80	92	125	140	170	210	245	280
經濟級中餐廳	60	80	90	120	130	155	185	225	260
備註	常用於咖啡廳			常用於正餐廳			常用於宴會廳		

（三）長方形桌

長方形桌多用於西餐廳，長度不一，高度多爲72～76公分。需要時可以拼接加長，拼成長餐桌、會議桌等。

如**表4-8**所示爲餐館長桌尺寸與指標。

表4-8　餐館長桌尺寸與指標

用餐人數（人）	長桌寬度（公分）	長桌深度（公分）	長桌用餐寬度（公分）	長桌用餐深度（公分）	每座面積指標（平方公尺／座）
2	62.5～65	90	115～125	220～240	1.27～1.50
4	125	90	175～185	220～240	0.96～1.11
6	145～180	85～90	225～305	220～240	0.83～1.22
8	195～250	85～90	285～355	220～240	0.78～1.07

三、餐座配備

一些顧客在用餐時，與看電影、歌劇、球賽一樣，都有特殊的座位偏好。如果座位既不投顧客所好，也談不上舒適，將大大影響用餐時的感受。而且，餐座是餐館要長期使用的主要投資項目。所以，應用心選擇舒適、耐用並且便於調整的餐座。

(一) 餐座種類

餐館的餐座種類很多，可以從不同角度進行分類。

■按材料分

餐座按製作材料分有木製椅、竹製椅、藤製椅、皮製椅、布製椅、彈簧椅、塑膠椅、石椅、陶瓷製椅、金屬製椅等。其中木製椅的種類很多，應用也最廣泛，較名貴的有紫檀木、紅木、柚木、核桃木等；藤製餐椅的優點爲質地堅韌、色澤淡雅、造型多曲線；竹製餐椅的優點爲清新涼爽；金屬製家具是隨著工業化程度的提高而不斷發展的一種家具，適合批量生產，金屬製餐椅給人的感覺是精巧流暢，飯店的餐廳常採用金屬管的摺椅或可疊式椅子；石椅與陶瓷製椅則帶給人古樸典雅的感覺。

■按造型分

餐座按造型分有扶手椅、圈椅、圓凳、四方凳、三角凳、靠背椅、無靠背椅、條凳、雙人座、火車座、沙發座等。

■按風格分

・中式古典風格

中國的家具設計與製作具有悠久的歷史，歷經各個時代的風

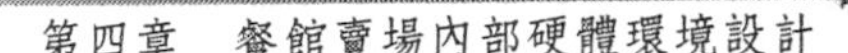

格變遷，但始終保持其構造特徵和精簡洗鍊的特徵，特別明顯地表現在注重構造簡樸的硬木家具上。例如中國明式家具風格與清式家具風格，明式餐椅的特點爲造型穩定、大方並符合人體工學。用材合理，既注重材料性能，又充分表現材料本身的色澤和紋理。清式餐椅的特點爲在造型與結構上，繼承了明代傳統，但注重寶石與大理石的鑲嵌，繁複的雕刻及模仿古器物造型等，所以清式家具更多用於觀賞。

・西式古典風格

例如古希臘式、古羅馬式、哥德式、文藝復興式、巴洛克式、洛可可式、美國殖民地式、新古典式等。其中巴洛克式餐椅具有強烈的流動感，常採用貓爪形椅腿和花瓶形椅背，英國的安娜女王式椅子最突出的特點是彎腳和琴式高椅背。洛可可式以迴旋曲折的貝殼曲線和精細纖巧的雕飾爲主要特徵。美國殖民地式中比較典型的是夏克式和溫莎式椅子，前者椅面用燈心草編織，後者幾乎全部用旋製的細木棍做成。新古典式以直線爲造型構圖的基調，多爲樸素的四方形，椅腳是下溜式的圓柱體，並雕有長條凹槽，在法國稱爲路易十六式。在英國又稱爲謝拉通式。

・現代式風格

現代式風格的特點爲結構合理、造型簡潔、用材廣泛，一切都圍繞使用功能出發，同時有利於使用機械化、自動化等工藝批量生產。現代式風格的追求在於表面的紋樣和雕刻，而不在於整體的線條、節奏與色彩。

餐館餐椅種類與風格的選擇應該根據餐館的整體環境氛圍而定，使餐椅的用材、造型、色彩及圖案裝飾都與餐館整體風格保持和諧，並在注重功能的前提下呈現裝飾效果。

(二)餐椅尺度

從人體工程學角度來看,椅子的座高正常在42公分左右,椅背高度在72～76公分之間,並且與餐桌的高度有相應的比例。座位設置應該按照餐廳面積大小及座位的占地空間做適當配置,使有限的餐廳面積能盡最大限度地發揮其運用價值。

表4-9列出了餐椅尺度情況。

表4-9　餐椅尺度情況

各項指標＼類別	一般餐椅	沙發	安樂椅
座面斜度(度)	2～3	3～5	15～23
背面斜度(度)	95～100	105～110	115～123
座高(公分)	42	38	38
座深(公分)	38～44	大於50	54
座寬(公分)	38～44	大於50(單人)	大於54

(三)餐座選擇要點

座椅的種類眾多,但作爲餐座而言,選擇時注意要點如下:

1.建議椅背爲15°。

2.從前緣到椅背,椅子的深度應爲40公分左右。

3.椅子的高度,即從地板到椅背的高度,應不超過86公分。椅子過高會影響服務員的操作。

4.椅面離地板高度爲46公分。

5.椅面到桌面高度爲30公分。

6.每張餐椅與餐桌之間最好保留61～66公分的空間,而有扶

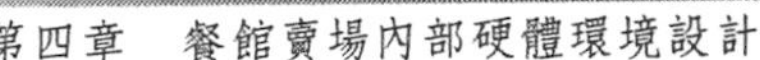

手的椅子則最好留有71公分。

7.吧台座椅之間要留有61～66的公分的距離。

四、吧台設置

一些餐館在等候區設有吧台，供應顧客飲料、啤酒及雞尾酒，以招徠等候、休憩及口渴的顧客。總部在達拉斯的Chili's連鎖餐館，在餐廳的入口及中央都設有吧台。而在T. G. I. Friday's餐廳中，它的雞尾酒供應區是一個長島形的吧台，是許多年輕顧客喜歡聚集的地方。對於餐廳而言，需要在以下四個方面考慮吧台的設置。

(一) 客源類型

應考慮餐館的主要客源層是哪一類客人，是下班之後小聚的朋友，還是洽談公事的商人？客人來店的目的是什麼？是一起觀看電視轉播運動比賽，還是在飯後找一處安靜的地方聊天？

(二) 服務項目

吧台經營的服務項目有哪些？顧客要親自向吧台人員點飲料，還是有服務人員協助？要提供整份菜單或是簡單的開胃小菜？

(三) 環境氣氛

吧台的環境氣氛是寬敞明亮還是迷你溫馨？照明和座位即可以決定這個吧台是作爲等候區還是顧客座位區。另外設置雞尾酒桌椅，還是只安置吧台椅凳？吧台設在餐廳前端，還是小心地將其安置於後方用餐區的一角。

(四) 效率

吧台服務可以與餐廳內的其他營業項目共存嗎？從吧台到廚房到用餐區的流程途徑如何？吧台設備是否有適當的水、電接出口，有沒有足夠空間放置玻璃杯或調酒器具，有無適當的地方處理殘渣？音樂或電視的聲音會不會影響顧客用餐？是否有足夠的空間裝置一個「完美的吧台」？

第五節　餐館陳設與裝飾

餐館的陳設與裝飾設計和布置是呈現餐館文化氛圍的重要方面，是餐館文化層次高低雅俗的一個標誌。如果說餐館的色彩與照明給顧客留下的是整體印象，那麼陳設與裝飾則是在各個細部上處處提醒顧客這家餐館的與眾不同。餐館工藝飾品的陳設一方面顯示了餐館的文化層次，另一方面對餐館主題的塑造也有舉足輕重的作用。

餐館室內陳設種類繁多，兼容並蓄。它們能美化賣場室內空間、界面或部分室內構件，具有美好的視覺藝術效果。還有的陳設擺件旨在表現某種藝術風格流派、文化訊息，其中尺寸大者常常成爲餐館的標誌、中心主題，尺寸小的例如門把、杯墊圖案，也與整個賣場的裝飾風格一致。

餐館陳設的成功配置在於給人愉悅之感覺，且具有識別性，品種從布幔、壁掛、織物、雕塑、工藝擺設到盆景、燈座等應有盡有。還有一些提供給客人的使用物品也經過高度的藝術加工，使餐具、煙灰缸、餐巾、菜單等物品具有優美的輪廓與圖案，在方便賓客使用的同時，也給客人留下美好而深刻的印象。例如一

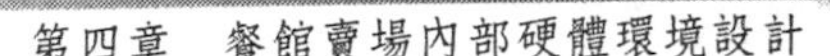

九九八年美國柯林頓總統訪問大陸時，曾在上海城隍廟光顧過的綠波廊酒家，具有濃厚的中國風味。整個餐廳古樸典雅，牆上掛著的名人字畫、博古架式的隔斷、仿瓷器點綴其間，桌布與服務員小姐的服飾一律採用江南民間藍底白花布，餐具是上了釉彩的仿古瓷器，清秀雅致，與整個豫園的明清風格融為一體。

一、餐館織物裝飾

織物是人們日常生活中不可缺少的用品，也是餐館裝飾布置的重要物品。餐館中的織物品種繁多，在餐館室內的覆蓋面積大。織物具有獨特的形態、色彩與質感，給人柔和、舒展、溫暖的心理感受，因此如果使用得當，將增強餐館賣場的氣氛、格調、意境，同時對空間的軟化、表現文化層次等都有很大影響。

(一) 餐館織物種類

餐館的織物主要指地毯、窗簾、家具軟包織物、陳設覆蓋織物、靠墊等。

根據原料可分為下列兩種：

1.天然製品：天然製品主要有用棉、麻、絲、毛做成的織物。
2.人造製品：人造製品主要有用聚脂、人造絲、玻璃絲、壓克力和混紡織物等。

根據織法與工藝可分為：編織、編結、印染、繡補和繪製等。

（二）餐館織物的選擇方法

由於所用原料、織法和工藝等方面的不同，織物的性能與用途也各有不同，品種豐富多彩。因此，餐館賣場內的織物選擇應從整體上考慮，講究整體的和諧搭配。

■質地的選擇

由於原料和織法的不同，織物表面的視覺和觸感均不相同。以視覺而言，粗紋理往往給人粗獷豪放的感覺，細紋理則給人光潔文靜的感覺，兩者的裝飾效果截然不同。

・對比搭配法

爲了顯示不同質感，布置中常用對比手法，即光潔的物品配以粗糙的織物，而粗糙的物品則配以光滑的織物。麻毛織物、土布、草編品可以襯托家具的光潔，並和簡練的家具構成一種自然、樸素的美；絲綢、緞織物可以襯托出陶沙製品的粗獷，並和古老的陳設品相映成趣。

・根據觸覺

以觸感而言，直接與人皮膚接觸的織物布料適合選用質地細密平滑的織物，而需要經常摩擦的織物，可以採用堅固的粗紋理布料。

・其他性能

目前國內外的一些新型裝飾織物除了美觀外，還具有防火、防蛀、防靜電、防皺免燙、易除污、高彈性等性能，更爲完美。

■色彩的選擇

・整體局部兼顧

餐館內織物的色彩選擇必須從賣場的整體性出發，同時兼顧到各個局部。必須在服從整體效果的基礎上，對個體局部精益求精。

・彩度的確定

餐館內大面積的織物，例如地毯、窗簾、台布等，其自身色彩的彩度要低，在整體室內布置中選用同類色或類似色；小織物，例如靠墊、餐巾花、杯墊等，其色彩純度可以偏高，在整體中以對比色爲宜。

■圖案的選擇

・織物圖案色彩之分

織物有素色，也有彩色。彩色指有圖案花紋或花格的織物。

・織物花樣設計

在織物花樣設計中有單獨紋樣、二方連續和四方連續之分。例如台布、待客區域地毯等均爲單獨紋樣，牆布、窗簾、滿鋪地毯等，較多爲四方連續。

・織物紋樣格式

織物圖案紋樣的格式可以分對稱式和自由式兩類。對稱式紋樣莊重，裝飾風格爲古典式的餐館和正規、隆重場合常採用這種圖案格式；自由式紋樣較活潑，現代織物主要是這一格式。

・織物圖案內容

織物圖案的內容可以分爲具體和抽象兩類。具體是根據自然物象的花鳥、草木、山水、人獸繪製而成，抽象則爲不易分辨描繪的內容。抽象圖案中，幾何圖案和格子條紋更強調形式，較適合現代風格的裝飾。

・織物圖案的民族特色

織物圖案也能呈現濃郁的民族特色、地方風情和藝術風格。例如中國的藍底白花圖案及龍鳳圖案、蠟染圖案、紮染圖案、維吾爾族織物圖案等。

(三) 餐館主要織物配置

■地毯

地毯的色彩、圖案與質地能美化環境、渲染氣氛，並且還具有吸音、保暖、防滑、富有彈性等優點，在高級餐館或飯店的餐廳、宴會廳內，使用極為廣泛。

・地毯的原料

編織地毯的原料主要有羊毛、真絲、尼龍、壓克力、聚酯纖維等。羊毛地毯較為昂貴，各項性能指標都比較高，所以一般用在規格較高的場合。化纖類地毯規格性能差異較大，尼龍耐磨，但容易變形，還易於產生靜電；化纖地毯不易變形，可以放在經常踩踏和易受潮的場所，但是不易吸塵，清潔起來較為困難。

・地毯的編織

地毯的編織大體上可以分為機器織和手工織兩類。機器織地毯使用廣泛，手工織地毯均係羊毛地毯及真絲地毯，在我國主要採用波斯結織法，其花紋精細，藝術性強，但價格昂貴，一般用於餐廳貴賓廳。

・地毯的圖案

地毯有單色、花色之分。單色一般無圖案，但有一種稱為素凸式的地毯卻有立體花紋，這是利用剪蓄的方法製成的，花紋文雅而高貴。單色和素凸式地毯適合布置要求環境相對安寧平靜的咖啡廳與茶室等。

花色地毯的圖案題材很多，例如花鳥魚蟲、風光景物、幾何紋樣等等；圖案構成也很多，例如彩花式、綜合式、散花式等等。不同圖案也有各自的功能性表現，例如：彩花式、綜合式圖案地毯適合鋪在會客或休息區域，能使客人自然聚攏，產生親切的感覺；條狀地毯適合鋪在走廊或大廳中，按照人們行走的路線呈連續形圖案；在餐廳、宴會廳中滿鋪的地毯大都採用四方連續型圖案。這種散花一般比較碎小，這對客人就餐時掉下來的食物、湯漬有一定的掩飾作用。

・地毯的色彩

地毯常常是大面積鋪設，所以地毯的色彩是餐館賣場空間界面處理很關鍵的因素。根據常人的生活習慣，地面的色彩一般明度偏深，彩度略低。如果是單色地毯，整個地面色彩與牆面及天花板的關係必須和諧；如果是花色地毯則圖案中的幾種色塊最好是賣場內其他陳設物色彩的概括，以彼此相互呼應、和諧搭配。

・地毯的款式

地毯的款式有寬幅成捲的、條狀的、寬邊式構圖的、幾何形小塊的以及瓷磚式黏貼的等等。其中寬幅成捲的地毯用於滿鋪；條狀的地毯用於走廊或通道，其圖案是有規律的重複；寬邊式構圖的地毯常用於布置餐廳的重點部位；幾何形小塊的地毯常鋪在門前，用於踏腳等。

・地毯鋪設方法

地毯的鋪設方法大致有兩種，即滿鋪與散鋪。滿鋪法所用的地毯必須是按室內地面形狀裁剪或訂製的，這種鋪法整體感強，吸塵器清潔也方便，還能掩飾地面本身的外觀缺陷。

散鋪法是按需要，有選擇、有重點地靈活鋪設的方法。散鋪的各類地毯有不同的圖案，鋪在廳堂會客休息區的地毯具有聚攏感和區域感，散鋪法處理得當也可以調整某些地面不規則形狀帶來的視覺不完滿性。

■簾幔

餐館簾幔的主要種類有窗簾、門簾及帷幔。

・窗簾

窗簾不僅在功能上能產生遮蔽、調溫和隔音等作用，同時又有很強的美觀裝飾性。窗簾的色彩、圖案、質感、垂掛方式及開啓方式都對室內的氣氛及格調構成影響。

1.窗簾質地選擇

窗簾所用織物可以分爲粗質料、絨質料、薄質料和蕾絲四大類。粗質料和絨質料主要用於單道簾或雙道簾中的厚簾，例如粗毛料、仿毛化纖織物和麻類織物等。此類質料除了遮蔽性強，具有溫暖感外，還能從紋理上顯示出厚實、古樸之風格；細絨、平絨、燈心絨等質料除了遮蔽、調溫功能外，在質地上還給人滑爽、高雅的感覺。

薄質料和蕾絲主要用於雙道簾中的第二道簾。薄質料織物有喬其紗、尼龍紗、府綢、滌棉、棉布等，尤其是紗簾以其質地輕薄、裝飾性強的特點最爲人們普遍使用。蕾絲類織物大都是手工或半機械編織而成的，遮蔽性弱，但具有較強的藝術性和裝飾感。

2.窗簾色彩選擇

窗簾織物除了質地，在色彩選擇上也很重要，應力求與牆面、地面保持和諧。在較狹小的空間爲了擴大空間感，可以選用米色、奶黃、草米色、淡咖啡和白色等淺色質料；在寬廣的空間爲了增添空間的親切感，可以選用較爲柔和的暖色系列。餐館也可以隨季節變換調整窗簾色彩。

3.窗簾的花紋

若餐館牆面爲花色，則窗簾以單色爲宜；若牆面爲單色，窗簾則可以選擇花紋圖案。

若餐館頂面較低，則適宜採用直線條圖案的窗簾；若餐館空間較爲寬敞及頂面較高，則可採用橫線條圖案的窗簾。大的窗戶應選用大花紋，而小的窗戶宜選用小花紋或單色。

4.窗簾的款式

窗簾由織物、簾桿、簾圈、掛鉤及窗簾盒構成。窗簾的款式按簾桿遮蔽情況可以分爲掛鉤式和護幔式；按窗簾層次可以分爲單道簾及雙道簾；按開啓及懸掛方式可以分爲平拉式、掀式（單邊掀簾、雙邊掀簾、定幅雙邊掀簾）、垂幕式、捲簾式、百葉簾式、吊拉式、直拉式、抽褶式等。還有一種窗簾在餐廳及咖啡廳應用較多，其上部可開啓，下部爲固定簾，固定簾可以擋住外來視線與強烈光線。

・門簾與帷幔

簾幔是餐廳公共空間內極富有感染力的裝飾之一，活躍的空間爲簾幔提供了用武之地，常常在大空間成爲視覺焦點。例如美國布法羅市威斯汀廳餐廳內，高達兩層的傘形布條懸在天窗下，令人矚目。日本宮崎市美麗殿旅館餐廳平頂，以規則排列的寬帶布幔組成輕快柔和的「波浪」，似雲如水，增加浪漫情調。在特色餐廳，門簾與帷幔也可以製造出意想不到的效果。例如某家餐廳爲了適當地遮擋顧客的視線，在取餐窗口、廚房門口都專門設計了極具風味的布簾，上面繪有線條簡潔、充滿童趣的卡通畫，讓人看了耳目一新。在傳統麵點小吃店則選用我國傳統的土染藍布白花圖案的門簾，古色古香。簾幔的選料廣泛，除了織物外，竹簾、木珠簾、草簾等都別具風味。

■覆蓋織物

覆蓋織物包括用於餐桌、餐台、餐櫥、餐櫃上的桌布、桌裙、台布、巾墊等，它們的主要功能除了增加色彩、美化環境外，還有防磨損、防油污、防塵，產生保護被覆蓋物的作用。

・桌布

桌布是餐桌的覆蓋物，既要配合牆面、地面、窗簾的色彩，又為餐桌上的餐具、插花和餐巾花等其他擺設做襯托。

1.規格與色彩

桌布的規格大小及式樣由餐桌的功能和規格決定，其色彩則主要取決於賣場的環境。傳統的桌布一般為白色，也有暖色系列。在西餐廳與咖啡廳還常常選用格子條紋狀的花色桌布，顏色以橙色、淺紅色、天藍色、湖綠色等為主，顯得氣氛輕鬆活潑。

2.鋪設方法

桌布的鋪設方法有平行鋪與菱形鋪兩種。一些餐館的餐桌在平行鋪的基礎上，再加上菱形鋪的台布。上層桌布的顏色以下層桌布的顏色為主要基調，或者再適當做些協調色或對比色的點綴。宴會廳為了突出熱烈隆重的氣氛，往往在桌布周圍再圍上桌裙。這種鋪設方法源於西式的宴會及酒會，裝飾方法多樣，桌裙多選用色澤華麗的金絲絨。

・桌毯

桌毯由比較厚的織物製成，其圖案優美華麗，具有很好的裝飾效果。桌毯常被用於長的西餐台或會議桌。

・巾墊

巾墊主要用於各種櫥櫃面上，既可以襯托出各種擺設，同時也對櫥櫃表面有保護作用。

■其他織物

・懸掛織物

壁掛、吊毯是軟質材料，作為室內牆飾或掛飾，與繪畫和其他工藝品相比較，使人更感到親切。壁掛和吊毯是把柔軟與美觀高度結合在一起的室內裝飾物。壁掛的種類繁多，藝術的手法和裝飾效果各不相同，使得壁掛具有廣泛的表現力和使用機會。壁掛有刺繡壁掛、毛織壁掛、棉織壁掛和印染壁掛。其中刺繡壁掛包括傳統的四大名繡（蘇繡、湘繡、蜀繡、廣繡）和屬於新興工藝的絨繡。毛織壁掛有表現民間題材的，也有表現現代派繪畫的裝飾內容。棉織壁掛和印染壁掛大都表現傳統題材，其中紮染、蠟染具有質樸的西南風情。

・餐巾

1.餐巾的作用

餐巾又稱爲口布、席巾、茶巾，花巾等，隨著西方文化藝術的交流引進，在我國相傳還只有近百年的歷史。由於餐巾對美化席面，渲染宴席的美好及其使於清潔衛生等方面的作用，深受中外賓客的歡迎。餐巾已成爲宴會酒席中不可少的具有欣賞價值又有實用價值的擺設。餐巾摺花是裝飾美化席面不可缺少的因素，也是宴席服務中一道必備的工序。透過服務人員靈巧的雙手精心摺疊，使餐巾成爲許多栩栩如生的花、草、蟲、魚，形形色色的花卉植物及維妙維肖的實物造型，插擺在酒具、盤碟中，不僅能產生點綴美化席面的作用，還能給酒席宴會增添熱烈歡快的氣氛，給賓客一種藝術的享受。而且，餐巾能以其無聲的形象語言，突出主題，表達和交流賓主的感情，具有獨特的溝通效果。例如「友誼花籃」表示主人對來賓的熱烈歡迎，象徵著雙方的友誼永固；「和平鴿」表示愛好和平的心願；「鴛鴦」、「喜鵲」、「花環」等表示對新人的美好祝福；「壽桃」、「仙鶴」等在祝壽宴上表達對老年人的祝福。此外，不同的餐巾花形與擺設，還能標誌出主賓的席位，使賓客根據花型分辨出就座位置。

2.質地、規格及色彩

餐巾的規格各地不盡相同，實際使用是51公分或61公分見方的餐巾最適宜，餐巾四邊要求相等成正方形。餐巾的色彩可根

據餐館的色彩環境選用，力求與整個環境保持和諧。目前餐館使用的餐巾大都是白色絲光提花布製成，用這種白色餐巾摺疊出的造型雅致漂亮。還有一種餐巾墊直接鋪設在就餐者面前，質料有紙質與織物兩種，上面印有花紋及餐館標誌，常見於西餐廳及速食店。

二、餐館牆面裝飾

餐館賣場的室內牆面為各種藝術進入餐館提供了機會，根據賣場環境氣氛的不同要求、空間尺度大小、牆面大小，可以選擇不同材質、不同藝術風格的牆飾。

(一) 餐館牆飾的作用

餐館牆飾的主要作用有如下幾項：

■表達主題

對於主題餐館或主題酒吧而言，牆面是不可忽視的裝飾點，表現空間大。例如某一汽車酒吧，牆面上掛滿了各種各樣的汽車照片及圖片，甚至還有汽車的配件，如方向盤、車輪等等。

■渲染氣氛

牆飾能夠渲染整個空間的氣氛，例如熱烈的、平靜的、吉祥的、幽雅的、樸實的、華貴的等等。

■點綴空間

牆面的面積較大，如果在大面積的白色牆面上加以適當的修飾，則會使本來比較單調的布置變得豐富。

■調整構圖

牆飾可以使原本不完美的空間得到調整，創造出意想不到的效果。

■增加情趣

具有濃郁民族風情的牆飾可以增添餐館賣場的風味與情趣，充滿人情味與親切感。

（二）餐館牆飾的種類

牆飾的種類繁多，現代餐館或飯店的餐廳內不僅運用各種繪畫、書法、裝飾畫等裝飾牆面，還運用各種工藝品、民風民俗日用品及織物、金屬等表現文化風情、藝術流派等。近年來，新材料、新工藝、新手法更是層出不窮，各顯神通。

■各種繪畫與書法

中國書法及繪畫均以筆、墨、紙、硯爲基本工具和材料，畫幅形式基本相同。中國書畫所用鏡框傳統型的一般爲紅木或楠木框，上有銅鑄掛耳。現代型的畫框除簡潔的淡色木框外，也有鋁合金框。以中國書法與繪畫爲牆飾的餐館一般是宴會廳或者規格較高的中餐館。西洋畫中以油畫及水彩畫、版畫在牆飾中使用較多，西畫國際上有統一的畫框規格。古典寫實的油畫，通常採用比較厚實的畫框，華麗而古樸，適合擺放在賣點風格的西式餐廳裡。現代風格的油畫以簡潔的畫框爲主，個別的油畫也有採用玻璃畫框的。水彩畫大都採用簡潔、精巧的畫框，例如細邊木框、鋁合金框等，以顯示水彩畫輕鬆明快的特點。現代西式風格的西餐廳常以水彩畫作爲室內主要牆面裝飾。

■工藝品牆飾類

工藝品牆飾包括鑲嵌畫、浮雕畫、藝術掛盤、織物壁掛等，風格多種多樣，往往比普通繪畫更具有裝飾趣味。

1.鑲嵌畫：用玉石、象牙、貝殼和有色玻璃等材料鑲嵌而成的工藝畫，既有表現古典風格的，也有詮釋現代風格的。
2.浮雕畫：用木、竹、銅等材料雕刻成各種凹凸造型，嵌入畫框進行布置。
3.珐瑯畫：用珐瑯粉與黏合劑混合，以筆畫在金屬器物上，燒鑄而成。
4.其他物品：用於裝飾牆面的還有陶製品、瓷盤及弓劍、樂器、草帽、漁網、動物頭骨、扇面、風箏等等，別具風味。例如有的餐館用京劇臉譜作爲裝飾；有的酒吧牆上掛有蓑衣、斗笠、漁網，具有濃郁的水鄉風味；有的在牆上黏貼貝殼、有的在整面牆上掛滿絲線。各種各樣新奇的構思，使整個賣場妙趣橫生，吸引著衆多客人前往。

■攝影

攝影也是餐館常用的牆飾品，攝影的內容可以分爲藝術性及歷史性兩種。藝術性攝影主要是靜物、風景和人物，強調色彩、構圖和意境；歷史性攝影是某些歷史事實的記載。例如所在城市的歷史、老字號餐館的歷史、餐館重大事件、接待賓客的留影等等。例如天津全聚德烤鴨店裡就掛有巨幅照片，記載著全聚德悠久而輝煌的歷史。

（三）牆飾布置

對於餐館而言，確定牆飾品的形式與內容非常重要。如果在形式與內容上選擇失誤，對整個賣場其他美輪美奐的裝飾來說，將是大殺風景。

■牆飾形式的確定

牆飾品的形式包括種類、風格與格式。形式的確定主要根據餐館賣場的空間、風格與布置狀況。例如種類上是選擇中國傳統字畫還是鑲嵌畫；在風格上是選擇古典還是現代；在格式上是選擇對稱還是富有動感和韻律，同樣的畫框透過不同的裝飾格式表現出來的意韻是完全不同的。

圖4-6是牆飾懸掛格式。

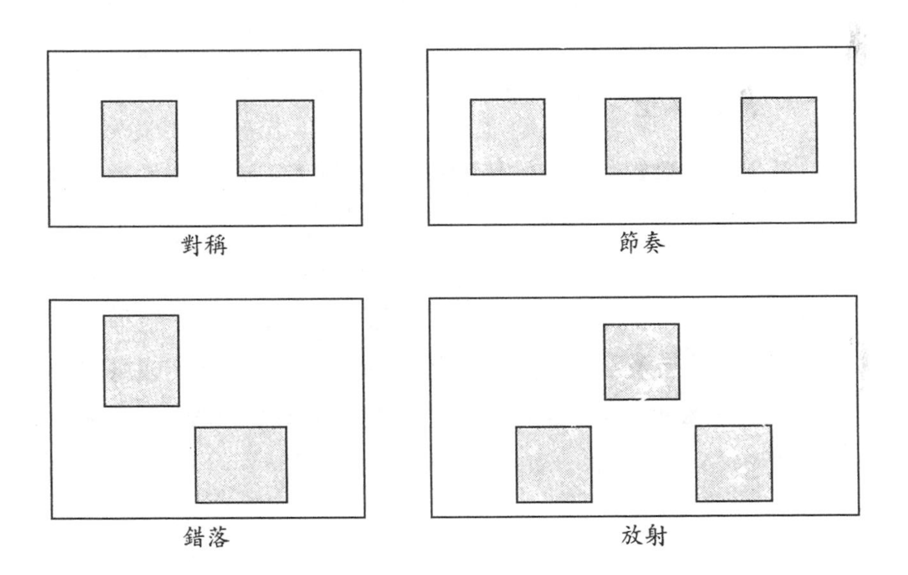

圖4-6　牆飾懸掛格式

■牆飾內容的確定

所謂內容，就是牆飾品的題材、立意及色彩。餐館賣場的功能和室內裝飾風格是確定牆飾品內容的主要根據。大的宴會廳常以氣勢恢宏的名山大川、華麗多姿的花卉翎毛以及有一定景觀的人物場面來布置；而空間相對狹小的餐廳雅間或包廂則用文雅秀麗、恬靜柔和的作品來點綴。對於一些有主題的餐廳，例如竹園廳、龍鳳廳、孔雀廳、百花廳等，牆飾的內容可以是相應的「翠竹圖」、「龍鳳呈祥」、「孔雀開屏」以及「百花圖」等。某家飯店宴會廳以「鏡廳」爲名，牆上以不銹鋼切割組合的抽象藝術裝飾與整個鏡廳現代派構成空間、平頂相匹配，大大增添了現代藝術氣氛。

三、餐館雕塑及擺飾

(一) 餐館雕塑

現代室內雕塑以立體的藝術增強空間的藝術感，有的雕塑是點綴、陪襯，有的雕塑是主景，都以特有的造型吸引注意，也提高了餐館的文化品味。雕塑的風格往往與餐館建築、室內設計的風格統一，材料多樣，從石、木、金屬、玻璃鋼到瓷、竹等，應有盡有。設在規模宏大的餐館門廳處的雕塑尺度較大，成爲構圖中心。設在餐廳、宴會廳內的雕塑尺度較小，有些甚至只是桌上的擺設。

(二) 餐館擺飾

擺飾是一種相對於掛飾而言需要平面安放的觀賞工藝品，其中既有純粹的觀賞藝術品，也有既是觀賞品又有實用價値的，還有原先是日常用品後來成爲觀賞品的擺飾。擺飾品經特定的背景和燈光布置，以突出的藝術效果裝飾室內。例如陶器、瓷器、牙雕、木雕、貝雕等。我國有許多民間工藝品及實用品如竹編、草編、酒桶、綢傘等。仿古文物器皿，如仿青銅器、仿古盔甲、兵器、汽油燈、早期電話等。北京麗都假日酒店陳設著兩尊秦兵馬俑複製品，增添了中華文化的風采。杭州張生記餐館則在餐館內設置收藏館，陳列著四處收集的中國傳統家居用品，包括雕花門、窗、各式藤製、木製用品等，讓前來用餐的客人不僅能品嘗到美味佳餚，同時也能吃出文化的品味。

■擺飾種類

・按內容分類

擺飾按照內容可分爲古玩玉器、現代工藝品、玩具、紀念品等。

・按質地分類

擺飾按照質地可分爲象牙雕刻、竹木雕刻、貝雕、螺鈿、翡翠、琥珀、瑪瑙、青銅器、景泰藍、黑陶、瓦當、唐三彩、顏色釉、青花瓷、竹編、草編等。

・按價值重點分

擺飾的價值主要從製作工藝的優劣來判斷，例如現代工藝品、各類雕刻、編織飾品等；主要從歷史年代的久遠判斷價值，例如青銅器、陶瓷器、瓦當等；主要從質料及自然形態上判斷價值，例如翡翠、琥珀、瑪瑙等玉石擺飾等。

■擺飾布置

・內容的選擇

擺飾的品種很多，在選擇時要注意擺飾的內容與整個餐館的氣氛是否匹配。例如氣氛輕鬆活潑的休閒餐廳適合擺放各種精湛有趣的藝術品，而不適合擺放古樸厚重的青銅器及價值高昂的古玩玉器等。

・形態的選擇

在選擇擺飾時還須注意擺飾的形態與周圍的景觀是否和諧，

大小比例是否失調，會不會影響整體效果。

・色彩的選擇

擺飾的色彩應該選擇室內所需，或者呼應、或者重點突出，忌諱雜亂無章的色彩堆積。

・質地的選擇

擺飾的質地在布置中也十分重要。一般光滑質地的擺飾如瓷器、玻璃器皿等在粗糙的背景下會更為突出注目，而質地粗糙的擺飾如陶器、草編等則在光滑的背景下更能顯出質地的特點。

四、飲具與餐具

我國的飲食器具從一開始出現就是非常完美的藝術品。在我國發掘出的歷史文物中屬於仰韶文化時期的陶罐、陶鬲、陶鼎、釜等，充分顯示出五六千年前中國早期飲食器具文化的光彩。到了戰國時期，出現了精巧別致的漆盤、漆碗、漆箸；而漢唐以後，玲瓏剔透的瓷盤、瓷碗、金杯、銀碟則更加顯示出中國飲食器具文化的輝煌成就。飲食器具內在的歷史、藝術、科學、使用的價值，將隨著社會的進步發展，逐步被人們所認識、利用。在使用飲食器具的過程中，其優美的造型、和諧的色彩裝飾及美好的質地都會給人們帶來無窮的美感和愉悅。飲食器具也是餐館陳設的重要部分，不僅具有重要的使用價值，又具有審美價值。因此，餐館應重視飲食器具的選用，將實用與美觀結合起來，提供顧客完美的用餐享受。

(一) 飲食器具的主要構成

■飲具

全世界的酒類不知有多少萬種，而飲料更無法統計，以各種酒或飲料調製的雞尾酒，全世界不下七八千種。杯具的發展也隨著各種新型酒水飲料的出現不斷地推陳出新。有玻璃製品、水晶製品、瓷製品、玉石製品、金屬製品等，無論是在一般餐館，還是豪華的宴會廳、咖啡廳、酒吧、茶室，喝什麼飲料都要用相應的杯具，以增添一種特別的飲品文化情調（見圖4-7）。

■餐具

餐具的發展也是日新月異。根據材料的不同有瓷器、陶器、玻璃器、漆器、鐵器、木器、竹器等類別，隨著現代工藝技術、新材料的運用，花色品種更爲繁多，如水晶玻璃、搪瓷、塑膠、金屬等製品的應用也非常普遍。根據形狀的不同有圓形、橢圓形、方形、長方形、六角形、八角形、異形等。象聲形有動物形，例如有魚、鳥、獸等形狀；還有植物形，例如菜葉形、樹葉形、瓜果形等形狀。這些餐具本身就是藝術品，用相應的餐具盛菜如同錦上添花，給予人樂趣和美感。

(二) 飲食器具的搭配

■飲食器具間的搭配

餐館內飲食器具的種類繁多，形態與色彩多種多樣。所以在使用過程中應注意餐具、酒具、茶具的統一和協調。

・造型風格上的統一

追求造型風格上的統一，包括透過整體造型統一的形式組合

圖4-7　精緻的飲具

求得統一，以及按品種統一造型的辦法處理。

・裝飾風格上的統一

採用圖案花樣相同的形式求得統一，或者採用裝飾形式、裝飾部位和色調一致求得統一。

■餐具與菜色間的搭配

餐具與餐點間的搭配要遵循以下原則：

・造型適合

造型適合不僅包括餐點的造型要適應餐具的造型，還要求餐點占有空間的體積要適合餐具造型的容積。

・變化統一

除造型適合外，還應遵循變化統一的原則，既要適合餐具的圖案美，又要突出餐點的造型美。

・色彩協調

最後，還應遵循對比協調的美學原則。例如淺色調餐具應裝配深色調餐點；深色調餐具應裝配淺色調餐點；花色調餐具配單一色餐點；單一色餐具配花色調餐點等。

■飲食器具與賣場環境風格的搭配

飲食器具應在民俗性與裝飾性上與整個餐館賣場風格達成統一協調，產生點綴及襯托的作用。

■飲食器具與服務人員的配合

飲食器具的風格還應與服務人員的服飾風格統一協調，例如仿古飲食器具配仿古服飾，現代飲食器具搭配現代服飾等。

第六節　餐館綠化環境設計

隨著現代生活節奏的日益加快，工作壓力的日趨緊張，人們愈來愈嚮往回歸自然，擁抱自然。餐館是人們用餐、會友、休閒的場所，更應該注重顧客追求身心健康的需求傾向。爲適應顧客這種來自身心兩方面的需求，餐館應該在人工建築的環境內盡量布置綠化，以各種植物與水體象徵自然景色、田園風光，創造富有情趣、充滿生機的綠化環境。同時，也透過綠化飾品傳遞季節、氣候、地理及歷史傳統、文化特徵等訊息。

一、餐館賣場綠化環境的重要性

餐館的綠化飾品是使整個餐館充滿生機和活力的重要因素，顧客在用餐的同時，四周生機盎然的綠色植物及鮮艷欲滴的花卉，使顧客更加貼近自然。

（一）餐館店外綠化的作用

餐館一般較爲重視店內綠化，但是店外綠化的作用也不容忽視。

1.突出入口，襯托建築，美化環境，吸引顧客。

綠化雖然需要花費一定的經費並且需要管理，但創造出一個優美的自然環境，往往比製作一個大廣告更有宣傳意義與招攬顧客的吸引力。例如某咖啡店在店前庭院種植竹林，精心布置踏石和木製桌椅，在鬧市中開闢一塊清雅宜人的自然空間，吸引著許多嚮往大自然，逃離都市喧囂的顧客。

2.遮擋道路的直接視線，創造安靜、隱蔽的環境。

綠化能產生適當的遮擋作用，對要求相對安寧與隱蔽的餐廳與停車場有很大幫助，但要注意綠化的高低搭配。

3.隔離外部噪音，保持安寧氣氛。

店外綠化還有隔離噪音的功能，有利於保障餐館不受外界干擾，創造安寧環境。

4.減緩日照與強風，遮擋風沙及夏目的強光。

綠化能減緩強烈的日照與風沙的侵襲，利於餐館遮陰及環境的清潔。

某家餐館的外形與空間設計得如同一朵綻開的花朵，在店外四周留有較大的綠化空間，餐館的後方有幾棵大樹作爲背景。隨著季節的更換，植物的顏色也變化多端，餐館在不同季節裡被襯托得表情各異，嫵媚萬千。特別是夜晚被打上冷光的樹叢與被暖光照射的餐館建築形成對比，構成一幅世外桃源似的生動畫面。

（二）利於創造良好的微觀氣候

餐館賣場內人潮流量較大，各種菜餚、酒精飲料又具有散發性氣味，再加上空調房間本身的空氣欠佳，所以綠色植物在餐館內提供氧氣及濕潤、淨化空氣的調節功能，必須加以重視。將綠化引入室內不僅具有裝飾的作用，而且綠化和美化環境功能是其他現代化設施無法取代的。

（三）重新組織空間

綠化飾品除了淨化空氣功能外，在餐館公共活動區間內能達到分隔及組織空間的作用。以低矮的花台、水池及盆栽等綠化作爲分隔物，比其他隔斷更顯得親切與自然，更能給空間增添生動活潑的情趣。除了對空間進行分隔外，綠化飾品也能產生對空間的銜接與延伸、指示、限定等作用。例如某飯店將幾盆扁圓盆栽種的金盞菊組合成圖案置於各層平台，燦爛的金黃色花朵充滿陽光感及活力，組合成引人注目的色塊，無論在日光、燈光下都顯得格外嬌柔鮮美，對整個空間的銜接及延伸產生了指引作用。而某餐廳將綠化布置與裝飾隔斷巧妙地結合在一起，既達到了空間隔斷的目的，又對環境具有美化作用（見圖4-8）。

（四）室內環境室外化

室內生機盎然的綠色植物景觀與室外的自然景色形成呼應，形成了室內環境室外化。室內環境室外化是人們嚮往自然的趨向所致，特別對於處在高度都市化城市中的餐館，室內綠化環境的創造尤爲重要。

（五）美化環境

充滿活力的綠色植物及富有動感的水體是餐館的優美景觀，有的甚至成爲餐館的主題景觀，與人工建構的生硬空間成爲鮮明對比。綠色植物自然舒展的形態、各種花卉鮮艷的色彩及特有的芳香都向人們展示著美，激起了人們對生命的熱愛，並且對空間的生硬感產生了良好的柔化作用。例如新加坡凱悅飯店（The Hyatt Regency Singapore）西餐廳中央是一個圓形花柱，深色圓盤底座置於圓形圖案地毯中，由金屬管組成圓柱托起兩層花台，下層盛滿熱帶觀葉植物，上層是一叢盛開的鮮花，在圓形頂燈的映照下，形成餐廳的視覺中心。

（六）呈現禮遇格局

綠化飾品還能夠呈現餐館的禮遇格局，在重要賓客光臨時，餐桌上的藝術插花、餐室內的盆景與盆栽可見一斑。各種造型、

圖4-8　綠化裝飾

品種的插花與盆景向賓客傳達著各種美好的祝福及吉祥的寓意，表達餐館熱情待客的心情。贈花也是呈現餐館禮遇的重要方式，包括獻給貴賓的花束、婚宴中的喜花、聖誕節、春節用的節慶花及母親節、情人節用的贈花等。但是各種場合的贈花由於花語代表各種不同的含義，如果使用不當將會引起歧異。

表4-10所示爲常見贈花的不同花語。

表4-10　贈花種類及花語

使用場合	贈花種類	花語
聖誕節	聖誕花（一品紅）	熱誠、老當益壯、共慶新生
春節	大理花、金桔	大吉大利
母親節	康乃馨	永不褪色和永不變遷的受
情人節	玫瑰花	愛情、歡樂
婚慶	百合花、玫瑰花	百年好合、愛情

（七）創造文化

各個國家和地區由於地理環境、氣候條件、歷史文化傳統的不同，人們寄情山水、借助花木以表心意的傳統也不同。一些花草樹木深受人們喜愛；文人墨客的讚賞譽美之作綿綿不絕。例如牡丹、芙蓉代表榮華富貴；大家熟知的歲寒三友松、竹、梅，四君子梅、蘭、竹、菊是高風亮節、潔身自好的象徵等。餐館室內綠化環境的設計如果繼承這些傳統特點，結合餐館的空間形態，定能創造出具有一定文化氛圍的綠化環境。某咖啡店配合季節變化，經常舉辦花展和綠化造型藝術展，使店內增添了不少自然與藝術文化氣息，也吸引了不少愛好園藝的顧客。

二、餐館綠化的種類及布置

(一) 餐館綠色飾品的種類

■按植物品種分類

餐館選用的植物均以常綠植物和時令鮮花爲主，主要有綠蘿、魚尾葵、鐵樹、散尾葵、鳳梨、各種時令鮮花等。在江浙一帶，餐館室外常選用棕竹、蒲葵、檳榔、橡皮樹、蘇鐵、魚尾葵等植物，在室內常選用耐陰的八角金盤、桃葉珊瑚、綠蘿、碧葉萬年青等，分隔空間常用仙客來、天竺葵等觀葉盆栽，在環廊則用常春藤等下垂植物。

■按植物生長地帶分類

按植物生長地帶可分爲熱帶植物、亞熱帶植物、溫帶植物、寒帶植物等。一般而言，選擇植物應配合當地的氣候，但是在餐館全空調的室內氣候條件下，四季恒溫，選擇綠化有了更多的餘地。既可以選擇本地植物表達本地文化，也可以引入熱帶、亞熱帶等植物表現異域風情。例如有的餐館所在地區屬於溫帶、寒帶，但是室內溫暖如春，所以選用一些亞熱帶或熱帶植物，營造充滿陽光感的亞熱帶庭院氣氛，使賓客感受到溫暖熱情的亞熱帶風情。

■按裝飾形式分類

餐館的綠色飾品按裝飾形式大致分爲盆栽、盆景、插花三種。

・盆栽

盆栽是將植物栽種於盆內的一種綠化形式。盆栽取材頗廣，大致可以分爲盆樹、盆草、盆花與盆果四類。

1.盆樹

盆樹是盆內栽種的木本類觀賞植物，例如各類松柏、鐵樹、棕竹、天竹、龜背竹、南洋杉、袖珍椰子、橡膠樹等，它們通常被放置在門廳、大廳等寬敞的場所。

2.盆草

盆草是指盆內栽種的草本類觀葉植物，例如、文竹、網紋草、鴨跖草、竹芋、彩葉芋、萬年青、吊蘭、抽葉藤、鐵線蕨等。其中鴨跖草、吊蘭、抽葉藤是理想的吊盆植物。

3.盆花

盆花是指盆內栽種以觀花爲主的植物，有木本，也有草本。例如杜鵑、八仙花、茉莉花、桃花、山茶、月季等屬木本花；蘭花、水仙、鐵線蕨、君子蘭、櫻草、天竺葵、紫羅蘭、風信子、海棠、菊花、百合花等屬草本花。盆花布置重要的是顏色與形狀的搭配，尤其是以盆花組成的花壇，更應注意整體圖案效果。

4.盆果

盆果是指盆內栽種以觀果爲主的植物，例如石榴、金桔、葡萄、佛手、天竺果、香元等。這些植物象徵豐收、吉祥，特別是逢年過節時，放置在餐館內預祝來年的好兆頭，深受賓客喜愛。

・盆景

盆景是指用植物、石塊等材料精心搭配塑造而再現自然景觀的綠化飾品。盆景作爲我國的傳統藝術，有著悠久的歷史。盆景可分爲樹樁盆景與山水盆景，成爲藝術化的綠化飾品及民間工藝品。

1.樹樁盆景

樹樁盆景簡稱樁景，泛指觀賞植物根、幹、葉、花、果的神態、色澤與風韻的盆景。樹樁盆景的特點是枝葉細小、莖幹大都粗矮、虯曲、蒼勁而優美。樹樁盆景與盆栽是以自然形態做觀賞的狀況有所不同，它是透過剪切或借助其他材料使植物按預定設計的方向生長。樹樁盆景的長勢可分爲直幹式、蟠曲式、橫枝式、懸崖式、提根式、叢林式、垂枝式與寄生式等多種形式。選用的樹種主要有五葉松、福建茶、石榴樹、黃楊樹、檜柏、羅漢松、榆樹、雀梅、九里香等。

2.山水盆景

山水盆景又稱爲水石盆景，是透過栽枝點石、效仿大自然的風姿神采、奇山秀水而塑造的逼眞小景。山水盆景的主要材料是石塊、青草、青苔及微型建築小品（如亭台樓閣、小橋等）。石塊必須有良好的吸水性能，例如太湖石、鐘乳石、砂積石、珊瑚石等，以保證石塊整體的濕潤。山水盆景的造型可分爲獨立式、開合式、散置式、重疊式等。

・插花

插花是一種將剪切植物枝葉進行重新組合和造型的藝術。插花的種類有：

1.瓶花：瓶花是將花枝插在各種形式的瓶中，採用投入式。

2.盛花：盛花是將花枝插在淺身的盛器中，用「劍山」固定。

3.浮花：浮花是花枝不固定，而浮在盛器的水面上。

4.複合式插花：複合式插花是指用兩件以上的盛器組合的插花形式。

5.盆景式插花：盆景式插花是指模仿盆景造型的插花形式。

(二) 餐館店外綠化配置方法

餐館店外綠化應該注意造型變化、高低配合及節約用地。

■高低搭配

如果餐館開設大玻璃窗，希望路人了解餐館內的情況時，窗前應種植低矮的樹木或設花池，以免遮擋。而且，餐館入口處點綴的植物和花卉不能遮擋餐館大門與招牌。對停車場而言，當需要明示時，應採用低矮的綠籬；當需要遮蔽時，可採用視線高度以上的中、低植物配合。

■色彩搭配

店外綠化的色彩搭配包括：植物與植物之間的色彩搭配，例如用綠色的塔松做背景以凸顯出黃色的迎春花、粉紅色的桃花；植物與餐館建築之間的色彩搭配，例如用綠色的植物襯托白色的牆面，在深色的大門與陰影中的入口前放置淺色的花卉等。

■季節搭配

要注意店外綠化的季節搭配，使各個季節都有應景植物裝飾，還要將花期長或花期錯開的花卉搭配在一起。

■配合照明

對店外綠化進行照明，將在夜間增添美感與情致。一般原則爲低矮的植物用較高的照明，而中高的植物採用低的照明。

(三) 餐館綠色飾品的布置

■布置種類

・成點狀布置

成點狀布置是採用一株或幾株姿態優美的盆栽分散布置。點狀布置有相當的靈活性和觀賞價值，並且可以根據大小、造型、觀賞特點及色彩等，布置在餐館不同的空間與位置，以搭配餐館家具的陳設、組合與協調。

・成線狀布置

成線狀布置是將盆栽等綠化飾品整齊地排列成線狀的布置方式。大中型餐館室內空間較爲高大，成線狀布置的綠化可以成爲富有層次的視覺中心。線狀布置主要以長條花台組合而成，其特點是各式花卉、盆栽以整齊的圍邊，作爲隔斷或者構成各種圖案。例如餐廳咖啡廳的餐座分隔、餐廳內屛風式的花架等，都是運用錯落有致的線狀布置，在特殊接待任務或者重大節日時，用盆栽等綠化飾品排成文字或圖案，也是線形布置的發展形式。

・成塊狀布置

成塊狀布置是在對綠化飾品組合布置時，以同種同色的花卉組成鮮艷的色塊，以便在大空間產生突出的裝飾作用；或者用不同層次不同部位的盆栽鮮花組合成不同色塊，形成不同內涵的圖案。餐館在重要宴會、節慶及美食節推廣活動時，常常運用塊狀布置，將花卉盆栽組成花壇，烘托氣氛。

■栽培

餐館室內植物可以直接栽入種植土，也可以連盆及盆內營養土一同栽入土中。大量的綠化依靠盆栽，所以盆內應盡可能提供豐富的營養，以延長栽培期，保持較長時間的新鮮姿態，並定期

更換。餐館因為規模較小，不像飯店擁有專業花匠，可以由專業綠化公司提供盆栽及更換服務。當盆栽置於圍欄式花台內，可在盆邊塞擠金屬網，以方便迅速更換。

■插花風格

・東方式風格

東方式插花風格以姿和質取勝，花材簡練，偏重優美的枝葉。具有代表性的日本式插花由三枝主枝為骨幹，用高、低、俯、仰構成各種形狀。例如直立形、傾斜形、下垂形、水平形等。東方式風格輕描淡抹，清雅脫俗，其色彩構成類似東方繪畫，既有對比色搭配，又有協調色搭配。「東方式」常擺於牆角做單面或三面觀賞，盛器多以陶瓷、玻璃及竹筒等材料製成。

・西方式風格

西方式插花風格注重花材外形表現出來的形式美，以大堆頭插花及線形插花為典型，也有的插成基本圖案形。例如圓形、球面形、三角形、橢圓形、弧線形、S形等。西方式插花花枝繁茂，顏色濃厚且繽紛，但色彩仍講究和諧悅目，常常採用單純色、類似色適當搭配其他色彩，或使顏色產生漸層使之調和。「西方式」常選用華麗的金屬盛器及陶瓷盛器、玻璃盛器等，大多數擺放在大廳中央，可做多面欣賞。

・傳統式風格

傳統式風格以自然欣賞加上傳統寓意，例如中國傳統以梅花傲雪臨寒象徵堅韌不拔的精神，以松樹的蒼勁古雅象徵老人的智慧與長壽等等。傳統式插花以新鮮花枝為主要材料，以普通盛器為主，插花多為自然形態，屬於具象的表現。

・現代式風格

現代式風格刻意求「新」求「異」，常常根據人為臆造加上

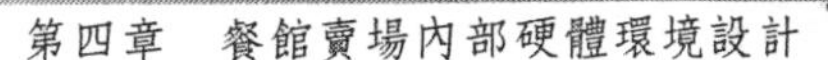

科學聯想，或者運用現代思想和藝術觀來詮釋作品的含義。現代式插花風格不一定採用新鮮的花枝，甚至運用人爲改變的植物或替代品（例如鐵鍋、蒸籠、水壺、鞋帽乃至有孔的石塊、金屬塊等），都可以成爲現代式風格插花的材料。現代式以人的想像作爲依據，屬於抽象的表現。

第五章

餐館賣場服務氣氛設計

餐館整個賣場的氛圍營造除了賣場空間、賣場色彩、賣場照明、賣場陳設裝飾等關於環境美觀的要素外，還有一個至關重要的因素，那就是餐館賣場的服務氛圍。它是營造餐館賣場軟體環境的重要因素。一個空間層次適宜、色彩和諧、光線明亮、充滿精緻陳設與擺飾的美輪美奐的餐館賣場，如果缺乏應有的服務氛圍，顧客無法感受產品供應者的熱忱歡迎及雙方之間缺乏良好的溝通橋梁，那麼這個賣場的設計還是失敗的。

第一節　餐館動線設計

餐館是一個動態的場所，人員、物品在賣場內的順暢流動、運輸，須基於科學而合理的動線設計。

一、餐館動線設計的重要性

餐廳動線是指顧客、服務員、食品與器物在餐廳內的流動方向和路線，即客流、服務流及物流。餐館顧客動線與服務動線的設計非常重要。餐廳合理的路線布局是形成良好餐廳氣氛的重要因素，也是營業順利進行的保證。餐廳內部路線布局與設計應根據餐廳空間的大小而定。由於餐廳各功能區間所占空間的大小不同，在進行路線設計與布局規劃時，應統籌安排。既要考慮到顧客的便利性和舒適性、營業各環節的機能、實用效果等因素，又要注意全局與各區間的和諧、均勻和對稱，使顧客一進餐廳就能感受到路線設計之明朗及巧妙。

二、餐館動線設計的原則

餐廳的通道設計應該流暢、便利、安全。

(一) 盡可能方便客人

餐飲連鎖店在設計顧客動線時，應遵循「盡可能方便客人」的原則，在設計時盡量避免顧客動線與服務動線發生衝突，當矛盾發生時，應遵循先滿足客人的原則。

(二) 應時刻保持暢通

顧客動線應以大門到座位及櫃台之間的通道暢通無阻爲基本要求。

(三) 適宜採用直線

顧客動線宜採用直線，避免迂迴繞道，以免產生人流混亂的感覺，影響或干擾顧客進餐的情緒和食慾。

(四) 員工動線講究高效率

員工動線對工作效率有直接影響，原則上應愈短愈好。而且同一方向的道路作業動線不能太集中，盡可能除去不必要的曲折。例如麥當勞在一九五三年設計「金色拱門」建築時，爲了盡可能使每個員工在裡面工作時都能走最少的路，做最多的工作，曾認眞計算員工製作漢堡、炸薯條及奶昔時所須走的每一步路。

三、餐館動線形式

餐館常採用的動線形式根據餐館服務方式的不同而變化，常見的有如下幾種：

(一) 自助式餐館動線形式

顧客進門後直接前往服務台，此服務台集點菜、付款、取菜三個功能於一身。一般服務台上方都懸掛有巨幅菜單，配以彩色插圖。顧客在服務台前選好食品，服務台小姐快速打出點菜單，立刻交給一旁的出菜員進行組合，一邊收款。客人在原地稍等片刻，便可拿著裝滿所需食物的托盤去座位用餐。這類顧客動線的設計讓顧客從進門結帳到坐下用餐的過程十分簡單。餐廳中走動的員工主要職責爲清理餐台及環境衛生，在顧客用餐過程中基本上不用提供其他服務。餐點菜色較少，出菜速度快的餐館可採取這種動線形式，如麥當勞、肯德基等快餐店。

還有一種自助式餐館動線形式，爲顧客進門後先在門邊的櫃台點菜，付款後領取印有不同食物名稱的餐券，再去食品櫃台前領取食物，然後入座。採用這種動線形式應該注意盡量縮短顧客必須行走的路線。應將櫃台與食品櫃台設置在相近位置，既方便客人，也方便廚房與櫃台之間進行及時溝通。避免出現櫃台出了票，而顧客卻在食品櫃台前被告知某一餐點售完之類情況。若經營的產品品種較多（如中式小吃），應將品種分別歸類，並在食品櫃台上方明確標明供應的品種，以免顧客滯留在長長的櫃台前找不到所需的食物。這種式若處理不當，會讓顧客覺得大爲不便，在高峰期容易引起櫃台前擁擠混亂的局面。

(二) 半自助式餐館動線形式

另一種動線形式爲將櫃台設立在餐飲店入口處，櫃台背面牆上懸掛著巨幅菜單，顧客在櫃台前點菜、付款，然後便可去座位等候。櫃台小姐將點菜單交給服務員，由服務員去廚房領取食物，再送至客人桌前。這種形式對客人來說比較方便，而服務員的動線則較爲複雜，即先去櫃台取點菜單，再送至廚房，然後將餐點依次送至客人桌前，待客人用餐完畢再進行餐桌整理。這類形式需要有足夠的人力，經營中式食品的連鎖店有很多採取這類形式，如上海永和豆漿大王等。

(三) 傳統餐館動線形式

最後一種形式爲顧客進門後由領位小姐安排座位，引領就座。再由服務員上前爲顧客點菜，爾後將點菜單送入廚房，再依次爲顧客送上餐點食品。這種形式最方便客人，其所須走的路線最短。但對服務員的要求較高，員工動線最長，也最複雜。採取這類形式的餐館要加強對員工的培訓與現場管理，而且廚房與餐廳之間的路線不宜過長。

第二節　餐館賣場服務氣氛的營造

餐飲企業屬於服務性行業，在競爭日益激烈的市場中，餐飲企業的服務環境對企業而言非常重要。餐館的服務氣氛除了受賣場廣告、賣場餐座尺寸及賣場動線幾個方面的影響外，還有一個關鍵因素，即熱情的服務及用餐環境的清潔。服務人員的笑容、問候、儀表、舉止，都對賓客的用餐效果產生影響，當然還包括

產品的首要因素——清潔。

一、餐飲服務的特殊性

(一) 餐飲服務的同時性

服務是一種行爲或活動，是一種過程。它不能提前製作，又無法試驗其品質，客人只有在某一時空的過程中才能購買到，而購買後如有品質問題卻無法退還，餐飲服務的生產與消費不可分割。同時性是指餐飲服務過程中大部分產品的生產、銷售、消費都是同時產生的。餐飲產品的生產服務過程也是賓客的消費過程，即同時生產、同時銷售。同時性決定了餐飲服務不可能儲存也不可能外運，有著極強的時間性和消費者親臨現場的特徵。餐飲服務的核心價值是由服務者與顧客在互動的過程中產生的。所以作爲生產環境同時又是銷售環境與服務環境、消費環境的賣場，應當受到從業者足夠的重視。

(二) 餐飲服務的連續性

餐飲服務不同於零售業的點狀服務，即一次性接觸，交易後即告結束。餐飲服務產生自客人一進餐館大門至消費完畢。這一過程中客人要與服務組織在同一空間內相處並延續一段相當長的時間，分別經過迎賓、入座、點菜、上菜、餐中服務、結帳、送客等一系列環節，各項服務環節呈線狀相連，無論哪個環節出現差錯，都會影響整個服務的效果。

(三) 餐飲服務人際關係的複雜性

餐飲服務的服務者與被服務者必須在同一個空間相處一段時

間，人際關係對服務的過程有很大影響。顧客來自四面八方，有著不同的生活、不同的習慣習俗、不同的性別年齡、不同的性格與職業、不同的用餐心情，與這些客人都能相處得愉快並不是一件容易的事情。

(四) 餐飲服務的不易控制性

餐飲服務與其他產品不同，產生的同時即是消費的同時，所以當服務發生差錯時，不存在其他產品在出廠前因品檢不合格可以重回生產線或者報廢的情況，難以控制服務的品質。所以餐飲服務只能在事前做好充足的準備，現場做好組織協調工作，並爲種種可能發生的意外狀況給予預先控制。

(五) 餐飲服務的差異性

餐飲服務是人與人之間互動產生的服務，而不是機械式的生產過程。服務者與被服務者都不是恆定的個體，極易產生差異性。服務者的差異性可以依靠對服務人員的嚴格培訓與有效管理進行控制，但是客人對餐飲服務需求所存在的差異，只有要求經營者透過對賓客的廣泛調查及深入了解，不斷創新給予滿足。

二、餐館的無聲服務

餐館服務是全方位的服務，服務人員的一顰一笑、舉手投足都會對顧客的心理產生影響。妥善運用無聲服務的方式有時會產生「此時無聲勝有聲」的最高境界，創造出美好而令人嚮往的服務氛圍。

(一) 服務人員的儀容儀表

如果一家餐館服務人員的儀容端莊、大方，著裝整齊、美觀、清潔，自然會使前來用餐的顧客見而生喜、望而生悅，進而對餐館的服務產生信任感，有助於創造良好的服務氣氛。

■容貌

1.容貌端莊、大方，體態勻稱是對餐館服務員的基本要求。

2.保持身體清潔，勤洗澡，勤換內衣。

3.頭髮清潔：保持頭髮潔淨，梳理整齊。男性服務員髮長前不過耳，後不過衣領；女性服務員頭髮不宜超過肩膀，應紮起或盤起，劉海不應長過眉毛。頭髮的整潔不僅關係到美觀，也關係到用餐衛生。如果在美味佳餚之中出現一根髮絲，將大殺風景，嚴重影響顧客的用餐情緒與品質。

4.臉部清潔：經常洗臉，保持臉部潔淨。男性服務員不能留鬍子。女性服務員應施淡妝，不得濃妝艷抹，不能使用有異味的化妝品。

5.口腔清潔：注意口腔清潔衛生，勤刷牙，在服勤前不抽煙，不吃帶刺激氣味的食物。

6.手部清潔：勤洗手、勤剪指甲，保持衛生。女性服務員不能塗指甲油。

■服裝

規範整潔得體的服裝，是餐館服務人員的基本要求，也是衡量餐館等級、服務水準的重要標誌。

・工作制服

1.工作制服的作用

（1）廣告性

＊印有餐館名稱及標識。

＊印有餐館電話號碼及歡迎光臨等廣告文字。

（2）指示性

＊不同類型的餐館工作制服風格各異，例如中餐廳的工作制服爲中式旗袍、對襟衫；西式餐廳的工作制服爲西式馬甲、西式長裙，日式餐廳的工作制服爲和服等等。

＊不同工種、級別的工作制服在式樣款式上各有差異，利於客人辨別。

（3）美觀性

＊工作制服的設計美觀大方，色彩搭配與餐館的整體環境相和諧。

＊服裝風格與餐館風格相互一致。

（4）機能性

＊附有各種口袋，可以裝火柴、打火機、便條、筆與開瓶器等。

＊工作制服的設計款式適合員工操作，沒有過多的裝飾。

2.工作制服的優點

（1）清潔感：工作場所身穿乾淨整齊的制服，令人有清潔感。

（2）統一性：整齊的制服，利於提高員工的團隊合作精神。

3.工作制服的要求

（1）服裝要及時換洗，衣領袖口保持清潔，無污漬、無破損。

（2）制服要燙平，無皺褶。

（3）工作服要大小合適，裙子不宜過短。

（4）除必要物品外，工作服衣袋內不能放無關的物品。

・佩帶

餐館服務人員的佩帶，應從利於工作與儀容出發。餐館內服務人員一般都配有識別證，識別證要統一製作印刷，並且統一佩帶位置。服務人員在工作時間不宜佩帶首飾，以免妨礙操作及衛生。一般手錶與結婚戒指在允許範圍之列。

・領帶、領結

不少餐館對不同層次的員工、管理人員的領帶顏色均有規定。一般來說，餐館服務人員應選用與自己制服顏色相稱、光澤柔和、典雅樸素的素色領帶。領帶要按規定方式佩帶，長度以繫好後垂至褲腰爲宜。領結有平型領結、溫莎式領結、中型式領帶結或蝴蝶結。領帶領結要保持整潔、筆挺。

・鞋襪

1.鞋：餐館服務員應穿素雅、端莊、體面大方的黑色布鞋或低跟皮鞋。工作鞋應經常擦拭，保持清潔。

2.襪：襪子要保持清潔，無異味。襪子的顏色應與褲子、鞋子同顏色或顏色相近。女性服務員若穿裙裝，襪子的顏色應選擇與皮膚顏色相近的長筒絲襪。絲襪應保持潔淨及完好，無漏絲無破損。

■表情

表情是一種無聲的語言，表情可以傳遞情感。微笑在餐館服務中是一種特殊的「情緒語言」，它可以在一定程度上代替語言上的更多意涵，產生無聲勝有聲的作用。希爾頓國際飯店集團的創始人希爾頓聽從母親的建議，尋找一樣「既簡單容易，又不花本錢而行之久遠」的法寶。他終於找到了這樣法寶——微笑，也取得了飯店經營的成功。「你今天對客人微笑了嗎？」是希爾頓每個員工每天都要向自己提出的問題。飯店服務人員熱情的微笑代表對賓客的熱誠歡迎、敬重、寬容和理解，給賓客帶來親切和溫暖。法國巴黎被稱爲「微笑的城市」，在法國各種服務業的牆上、櫥窗裡都張貼著一首名爲《微笑》的詩，並把詩排列成一顆心形。詩中寫道：

微笑一下並不費力，但卻產生無窮魅力。
受惠者成為富有，施予者並不貧窮。
它轉瞬即逝，卻留下永恆回憶。
富者雖富，卻無人肯拋棄；
窮者雖窮，卻無人不能施予。
它帶來家庭之樂，又使友誼絕妙的維繫。
它使疲勞者解乏，又給絕望者勇氣。
如果偶爾遇到某個人，沒有給你應得的微笑，
那麼將你的微笑慷慨地給予他吧；
因為沒有任何人比那不能施予別人微笑的人更需要它！

(二) 服務人員的舉止

身體語言是人們傳遞訊息的重要手段，餐館服務人員的舉手投足都對顧客的心理產生影響。餐館內服務人員的站立、行走、入座、引領等，都應有一定的姿勢和標準，應該嚴格按照規定執行。

■應接舉止

・站姿

站立是餐飲服務人員的基本功，站姿也是身體其他姿態的基礎。如果站立姿勢不雅觀，那麼其他任何姿態都不可能美觀。站立的基本姿勢是身體端正，挺胸、收腹、立腰、沈肩、雙眼平視前方、嘴微閉、面帶微笑、精神飽滿。站立時，身體不能東倒西歪，不可靠在桌子上或椅背上。疲勞時雙腳可暫時做「稍息」狀，但上體仍須保持正直。站立時還應用眼睛的餘光留意周圍的情況，如客人用餐狀況及同事的示意等。不同的餐館由於服務人員著裝的不同，站立姿勢也有所不同。

1.正立站姿

正立站姿爲雙腳呈V字形，腳尖開度爲30～60度，隨身高不同調整角度，角度與身高成正比。男性服務員也可以將腳微微分開，兩腳之間寬度以一隻腳的長度爲宜。兩手分別自然下垂，雙手微曲併攏，中指尖對褲縫。正立站姿是最普遍的站姿，適應面較廣。

2.背立站姿

背立站姿與正立站姿的區別是兩手放在身後，自然相握。兩腳呈V字形，腳尖開度爲30～60度，隨身高不同調整角度，角度與身高成正比。背立式站姿一般在西餐廳及酒吧、酒廊等場所比較適宜。

3.握指式站姿

握指式站姿是非常適合服務性行業的一種站姿。握指式站姿雙手自然下垂，在體前交叉，右手與左手相握，右手在左手上方。這種站姿的體態語爲「謙恭」與「熱誠歡迎」，迎賓時與在一旁待客時都非常適合。握指式站姿可用於中餐廳、西餐廳、日式餐廳及茶館、咖啡廳等場所。

・走姿

餐館服務人員在行走時，應大方得體、靈活而不失穩重，給客人一種動態美。

1.徒手行走注意事項

（1）行走時，身體的重心向前傾斜3～5度，重心落在雙腳掌的前部。上身正直，挺胸收腹、肩部放鬆，雙眼平視前方。手臂自然下垂，隨身體自然前後擺動，擺動幅度爲35公分左右，雙臂外開不超過30度。手指自然微彎併攏。

（2）步速適中，以一分鐘爲單位，男性服務員應走110步，女性服務員應走120步。較快的步速反映出服務員積極工作的態度，有助於提高工作效率。

（3）步幅不宜過大。如果步幅過大，人體前傾的角度必然增大，服務人員經常托盤行走，較易發生意外。男性服務員的步幅在40公分左右爲宜，女性服務員的步幅爲35公分爲宜。

（4）行走時，腳步要輕而穩，行走時盡量保持直線前進。當有緊急事件發生時，可加快步伐，但不可在餐廳內慌張奔跑。

（5）服務人員在餐館內行走時，應習慣靠右側行走。與賓客在同一方向行走時，要讓客人先行，但引領時除外。與客人在狹小通道逆向行走時，要靠右停下腳步，讓客人先過。

（6）遇有急事或者手提重物需要超越行走在前的賓客時，應彬彬有禮地徵得客人同意，並表示歉意。

2.托盤行走注意事項

（1）托盤行走是餐館服務人員的入行基本功之一。左手平穩托盤，右手自然下垂，隨步伐自然前後擺動。

（2）托著托盤的左手手臂應水平朝前，胳膊肘與腰身之間距離爲15公分左右，不擱肘、不抬肩。

（3）托盤不能與身體前胸相碰，避免因身體晃動引起托盤傾斜。

（4）托盤行走時，應步伐靈活，眼睛正視前方，餘光注意周圍動靜。注意停讓轉側，做到收發自如，避免發生碰撞。

・坐姿

作爲餐館服務人員，在客人面前入座的機會不多，但是餐館的銷售人員或管理人員、結帳小姐等都有在顧客面前入座的可能。坐姿應以優雅自如爲宜，其要求是端莊、穩重、自然、親切。一般坐姿有正坐、側坐，適合女性的坐姿還有S形坐姿與「腳戀式」坐姿等。但無論哪種坐姿，上身都要求挺直，立腰挺胸，不能坐滿整張椅子，更不能深陷於沙發中。注意避免二郎腿坐姿及O形腿坐姿。

・指引

餐館服務人員經常要向客人指點方向，且指引姿勢在引領過程中也會頻繁使用。但無論向哪個方向指引，服務人員都必須用右手而不是左手。指引姿勢按不同情形分爲以下幾種。

1.近距離向右指引

近距離向右指引是在引領客人時，目的地就在不遠處或當客人詢問的地點就在右方附近時所用的指引方式。右手以肘關節爲軸，小臂向右方平移至身前右前方，手心向上，四指併攏、微曲。

2.近距離向左指引

近距離向左指引是在引領客人時，或當客人詢問的地點就在左方附近時所用的指引方式。右手以肘關節爲軸，小臂向左方上抬至身前左前方，手心向上，四指併攏、微曲。

3.遠距離向右指引

遠距離向右指引是在引領客人時，目的地在右方遠處或當客人詢問的地點就在右方遠處時所用的指引方式。右手以肘關節爲軸，小臂向右方平移至身前右前方再伸直手臂向右延伸，手心向上，四指併攏、微曲。

4.遠距離向左指引

遠距離向左指引是在引領客人時，目的地在左方遠處或當客人詢問的地點就在左方遠處時所用的指引方式。右手以肘關節爲軸，小臂向左方平移至身前左前方再伸直手臂向左延伸，手心向上，四指併攏、微曲。

■手勢語

手勢語是最有表現力的一種體態語言，它是餐館工作人員向賓客解說、介紹、談話、徵詢、問候、致歉、道謝時常用的一種身體語言。但是，手勢語的應用有很大的地域性及民族性，如果運用不當，也許會引起不良後果。所以，在能表述清楚的情況下盡量少用手勢語。運用手勢語時要注意對方是否會產生誤會。

表5-1所示爲部分國家的手勢語。

三、餐館的有聲服務

(一) 與客人交談時的體態

1.注意面向賓客，面帶微笑。目光停留在賓客的眼鼻三角

表5-1　部分國家的手勢語

手勢＼意涵＼國家	中國	日本	泰國	歐美國家
向上伸出大拇指	誇張和讚許	男人、父親、最高	搭車	
向上伸食指	表示數	只有一次或一個		讓對方稍等
向上伸中指	胡扯			憤怒與極度不快
向上伸小指	輕蔑、拙劣	女人、小人物	交朋友	懦弱的男人或打賭
大拇指向下	向下、下面			不同意、不能結束、對方輸了
伸手彎曲的食指	數字9	小偷	鑰匙	上鎖招呼人
手掌向上伸曲手指數次	呼喚幼童或動物			呼喚服務員
伸出食指和中指	數字2剪刀（手放平）			勝利（手心向外） 侮辱（手心向內）

區，不能與客人的雙眼對視，也不能左顧右盼，心不在焉。

2.應與客人相距一公尺左右，垂手恭立，不能倚靠他物。

3.態度和藹，盡量少用手勢。

4.話畢後，先向後退一步再轉身離開。

（二）語言應用原則

1.音調婉轉、音量適中。
2.切忌用客人聽不懂的方言與客人交談，原則上要用國語。
3.語言和藹，發自內心。
4.對客人用語一視同仁。
5.使用貼近生活的易懂語言，但避免用俗語。
6.盡可能熟練外語，以確保與外國客人能準確地溝通。
7.語言表達準確、清晰。
8.語言表達具有幽默感。
9.善於傾聽對方的講話。
10.合適地附和及應答對方。
11.在客人交談時，不要打斷客人。
12.不要忽略敬語。
13.不卑不亢。
14.不要自誇。
15.不能推卸責任。
16.不能與客人爭論。
17.不能向客人發牢騷。

（三）餐館內常用的接待用語

1.「歡迎」或「歡迎您」。
2.「請這邊來」或「這邊請」。
3.「謝謝」或「謝謝您」。
4.「請您稍候」或「請您稍等」。
5.「讓您久等了」或「很抱歉耽誤了您的時間」。
6.「請再說一遍」或「您要的是……」。

7.「對不起」或「實在對不起」。
8.「抱歉」或「實在抱歉」。
9.「再見」或「歡迎下次光臨」。
10.「請問您喜歡用點什麼飲料？」
11.「請用茶」。
12.「請問您喜歡吃點什麼？」或「這是菜單，請您挑選。」
13.「您的菜上齊了，請問還需要些什麼嗎？」
14.「現在可以爲您結帳了嗎？」或「這是您的帳單，請過目。」
15.「請您對我們的服務與菜餚提供寶貴意見。」

四、餐館服務的禮貌禮節

(一) 迎送禮

迎送客人是中國人接待賓客的傳統禮節。以餐館來說，迎送服務是一項重要的接待程序，迎賓員是專爲這項工作設置的職位。迎送禮遵循迎客走在前，送客走在後的原則，輔以鞠躬、微笑致意、指引等動作，並說「歡迎光臨」或「歡迎再次光臨」。

■迎接客人

1.在客人距離兩公尺之內笑臉相迎，致意。
2.熱情相迎，彬彬有禮，給人溫暖親切的感受。
3.徵詢客人是否有預約。
4.客人進門後主動接掛衣帽。
5.主動帶路、爲客人挑選座位。
6.當客人問話時及時應答，並主動介紹餐館的經營特色和菜餚的風味特點，耐心聽取客人的意見與要求。

■送別客人

1.客人離席後熱情送別。
2.主動遞取衣帽，提醒客人所攜帶的物品。
3.耐心聽取客人的意見與要求，以便改進工作。
4.做好結算工作。
5.在餐館門口再次送別，歡迎客人下次光臨。

（二）問候禮

問候禮也是接待中的常用禮節，一般分為：

1.一般性問候：如「您好，歡迎您」等。
2.時間性問候：如「早安」、「午安」及「晚安」等。
3.特殊性問候：如「您覺得舒服些了嗎？」或「您身體好嗎？」等。
4.祝福性問候：如「祝您用餐愉快」、「祝聖誕快樂」、「祝您生日快樂」、「祝新婚愉快」等。

（三）稱呼禮

稱呼禮的正確應用非常重要，否則將會被客人視為不敬。

1.對成年男子一般稱呼為「先生」。
2.對成年女子一般稱呼為「小姐」或「女士」。
3.對熟客的稱呼應加上客人的姓，例如「王先生」、「李先生」等。
4.對有頭銜、職位、職稱、學位的客人應加上這些稱謂，例如「陳總」、「萬經理」、「王教授」等。

5.使用間接稱謂語時，應用「一位男客人」、「一位女客人」、「您的先生」、「您的太太」等。

（四）鞠躬禮

鞠躬禮是表示對客人的尊重、謝意或歉意時所應用的禮節。一般在餐館內鞠躬禮以十五度爲宜，在迎賓、送別或致歉時，視情況給予三十度或四十五度甚至六十度的鞠躬。鞠躬時，頭部微微低下，目光順勢而下，雙眼以注視前方地面爲宜，不可低頭抬眼睛看客人，雙手自然垂至身前。但在鞠躬前與鞠躬後都應含笑注視客人，表示對客人的尊重。

（五）握手禮

握手禮節是餐館服務中最常應用的禮節之一。除東南亞一些佛教國家沒有握手的習慣外，大多數國家都將握手作爲日常交際禮節。行握手禮時，距離受禮者約一步，上身稍向前傾，兩足立正，伸出右手，四指併攏，拇指張開與受禮者握手，並輕輕上下微搖二至三下，禮畢即鬆開。行握手禮時還應注意：

1.當對方是客人、女士、位尊者、年長者時，不可主動握手。可以先行問候，待對方伸出手時再握。
2.對男士握手可適當重些，以示熱情，但以不產生疼痛感爲宜。
3.對女士握手時可適當輕些，時間不宜太長。
4.如不便行握手禮時，應向對方說明，並請原諒。
5.切忌用左手握手及交叉握手。
6.握手時要微笑注視對方，不能東張西望，心不在焉。

(六) 接聽電話禮儀

1.在響鈴三次內接聽電話，心情保持愉快。

2.使用國語。

3.先問好，再報出餐館的名稱，注意語氣柔和友好。

4.對客人的要求認眞傾聽並加以回答及提供服務。

5.避免使用推託語及否定語。

6.與客人告別，在客人掛斷電話之後掛電話。

(七) 各項操作禮節

餐飲服務操作禮節包括宴會、酒會服務禮節及日常服務禮節。

■宴會、酒會服務禮節

宴會、酒會的常用服務禮節包括：

1.事先熟悉各類菜餚食品、酒水飲料的特點與口味。

2.斟酒次序首先爲主人右側的主賓、主人斟酒，再依次按順時針方向斟倒。如果主人點的是陳年酒，必須在開瓶之前將酒瓶給主人過目，開瓶後再向主人示酒，待主人認可後再按次序斟酒。第一次斟酒以兩三分爲宜，以便客人餐前乾杯。

3.上下菜要從副主人的左面進行，不可在主人或主賓位置上下菜。

4.凡是花式拼盤，如孔雀、鳳凰等拼盤，或雞、魚等菜餚，頭部都要朝向主位。如果是橢圓形餐盤，要縱向對著主位。

5.當主人或主賓祝酒發言時，服務人員應停止一切活動，站在適當位置上，在講話即將結束時，迅速將主人及所有來賓的酒斟滿，以便祝酒。

6.當結帳收款時，應站在付款人的左邊，將計算好的帳單放在收銀盤裡出示給客人，在客人要求的情況下唱單。

7.當來賓餐畢起身時，應目送或隨至餐廳門口，友好話別。

■日常服務禮節

日常服務禮節按服務順序一般有：

1.當客人走近座位時，服務員應按先女賓後男賓、先長後幼的順序拉椅讓座。

2.在呈上菜單後，服務員先退至一旁，讓客人自行翻看。稍後上前為客人點菜。接受點菜時，服務員應立於客人左邊，保持一步半左右距離，精神專注，有問必答，百問不厭。

3.餐飲服務員在為來賓斟酒、分菜、分湯時，均按女主賓、男主賓、主人、一般來賓的順序進行。

4.席間上菜時，服務員應將上一道菜移向副主人一邊，新上的菜放在主賓面前，以示尊重。

五、餐館賣場的清潔

清潔衛生是餐飲企業提供餐飲產品及服務時不可忽視的重要因素，飲食的安全與衛生及餐館賣場的清潔不僅關係到餐飲企業的聲譽，更直接影響顧客的健康。從某種意義上說，清潔衛生是餐館出售的視覺產品，顧客對餐飲產品品質的評價首先是餐飲產品的衛生，只有在衛生的前提下，才能有真正色、香、味、形俱全的美食。

(一) 清潔衛生是顧客對用餐環境的基本期望

無論是哪一類的餐飲企業，清潔衛生始終是顧客放在第一位的最關心的事情。任何餐飲企業如想獲得成功，都必須滿足顧客的要求。

如**表5-2**所示爲餐館服務顧客意見調查表。

表5-2　餐館服務顧客意見調查表

重要排序	餐館類型		
	速食店	一般餐館	全日服務餐館
1	清潔	清潔	菜餚品質與準備工作
2	菜餚品質與準備工作	菜餚品質與準備工作	清潔
3	價格	菜色種類	菜色種類
4	位置	價格	服務態度、禮貌程度
5	服務態度、禮貌程度	服務態度、禮貌程度	氣氛
6	服務速度	服務速度	價格
7	菜色種類	位置	菜餚食品營養
8	菜餚食品營養	菜餚食品營養	位置
9	氣氛	氣氛	服務速度
10	搭配與分量選擇	搭配與分量選擇	個別服務
11	個別服務	個別服務	搭配與分量選擇
12	非吸煙區的設置	非吸煙區的設置	預約
13	預約	預約	飲料
14	飲料	飲料	非吸煙區的設置

(二) 清潔衛生是賣場氛圍營造的基礎

用餐環境的舒適及雅致都是建立在清潔的基礎上，如果一家

餐館對清潔都無法保證，那麼再好的設計與裝潢都無法呈現出美感。

（三）清潔衛生是餐飲企業競爭力的具體表現

清潔是餐飲的命脈，它是顧客選擇餐館、餐館爭取回頭客的基本要素。餐飲企業在激烈的市場競爭中，清潔衛生也是競爭的重要手段。如果餐飲企業對衛生有足夠的重視，並努力改善餐館的衛生環境，必然有利於提高企業在餐飲市場的競爭力。

（四）清潔衛生關係到顧客的健康及企業的聲譽

飲食的清潔衛生關係到顧客的健康，一旦餐館因衛生問題使顧客受疾病之苦，不僅在經濟上要做出補償，而且餐館在聲譽上也將蒙受重大損失。所以，保證餐館環境的清潔衛生是餐飲企業非常重要的工作內容。

六、齊全的公共設施服務

（一）洗手間服務

洗手間是每個餐館必備的服務設施。由於「飯前洗手」的用餐要求，幾乎每一個進餐館的客人都有可能光顧餐館的洗手間。如果一家餐館餐廳內裝飾得富麗堂皇，一塵不染，但是洗手間卻髒亂不堪，無疑會大大影響餐館的形象，也使顧客對餐館的衛生產生懷疑，破壞了顧客用餐的食慾。很多餐館都已體認到洗手間清潔的重要，並且使其成爲名副其實的休息場所。不僅整潔乾淨，而且配備了香皀、手巾、梳子、面紙、鞋刷等小物品，讓顧客從細微處感受到餐館的周到服務。

對高級餐館洗手間的評測，可以從以下幾個方面著手：

1.在規格與風格上是否配合餐館的整體裝潢，面積是否合理。
2.是否有清晰可見的女賓區與男賓區標誌與分界。
3.餐館內是否有洗手間指示牌。
4.洗手間入口是否設在餐館明顯的位置，是否面向餐廳或廚房，影響了賣場的用餐氣氛。
5.洗手間內的鏡面是否夠大與完整清晰。
6.是否備置衛生紙，是否放置在手可及之處的容器中。
7.是否備置香皂。
8.是否備有擦手紙與烘乾機。
9.是否有清雅的背景音樂。
10.空氣是否清新，是否擺設綠葉盆栽、花卉。
11.是否有專人定時清掃，保持洗手間的清潔。
12.清洗工具是否放置在隱蔽處。

另外，餐館內洗手間的位置由於受管路的影響，通常離廚房很近。但是，顧客上洗手間時卻不應經過廚房。還有一種不良的設計是，洗手間被安置在一條狹長的走道上，等待使用洗手間的人需要站在上鎖的門外等候。如有可能，建議專門設置梳妝等候區。

（二）衣帽間服務

衣帽間對於餐館而言，在氣溫較低的冬天非常需要。賓客們進入溫暖的餐館，再加上進食後體溫升高，往往要脫去大衣或圍巾之類的衣物。如果沒有衣帽間，客人的大衣只好搭在餐椅的靠背上，不僅容易掉在地上，弄髒變皺，還可能被淋上湯汁或被煙灰燙壞，而且也會影響其他客人的行走及服務人員的操作，使餐廳變得擁擠不堪。雖然有些餐館爲客人搭在椅背的衣物套上罩子，但一些高級毛料的衣物還是容易受到損壞。所以，供客人放置衣帽的設施是不可缺少的，也是餐館爲客人著想的表現。衣帽間可設置在餐館入口的偏廳，占用面積不需要很大。但衣架、衣帽鉤、櫃台及穿衣鏡是不可缺少的。可以設專人保管客人的衣帽，迎賓員引領客人步入大廳前，可以詢問客人是否需要脫去大衣，幫客人存入衣帽間並將掛牌交給客人。當客人用餐結束起身時，服務員可代客人領取大衣，並送客人至餐館門口。

（三）休息區服務

一般餐館都會在入口處設有休息區，主要設施是沙發及茶几，爲客人等候朋友或在客滿時等待小憩之用，配以茶水服務。休息區對於較高級、規模較大的餐館也是不可缺少的。休息區的裝飾風格與餐館大廳所追求的熱烈豪華不同，色調偏冷，給人寧靜安閒的感覺。以免客人在休息區等待時心浮氣躁、心神不寧。

（四）停車場與導引服務

停車場是吸引開車族進店消費的首要條件，但是設置不良的停車場使進出路線堵塞或遮擋店面、阻擋人流，同樣會給餐館的經營帶來很大影響。

■停車場的不同位置

由於餐館所處位置與面積、規模的大小，停車場的布置形式各有不同。

1.店面在前，停車場在後的餐館，應該用指示牌指示停車場方位，在停車場前設置高聳、突出的裝飾門，吸引顧客開車進入。

2.店面在後，停車場在前的餐館，應該注意規劃好停車路線，畫好停車格。

3.店面與停車場均在後的餐館應該把進入的引導路線裝飾得十分醒目和吸引人，才能引起路人的注意。除了用指示牌、照明指引等手段外，還可以在入口處做拱門、沿路設彩旗等方式吸引顧客。

4.店面在中，停車場在周邊的餐館多爲汽車快餐店，在國外比較普遍，開車人不須下車就可以買到食品繼續上路。這類餐館應注意沿路設置食品套餐廣告牌，使駕車而來的顧客在菜色與數量上早早做好選擇，減少在窗口停留時間。

5.店面在上，停車場在底層或半地下層的餐館，應注意做好停車場與店面相稱的裝飾工作，內部或外部設直接通向餐廳的樓梯，多雨地區最好使顧客能不被雨淋直接進店。停車場與餐館的最佳布置方法是既要盡可能突出店面，提高行人辨識度，又要使停車場有清晰的導向識別；停車場既要進出方便，又要適當隱蔽，不能有礙觀瞻，影響交通。

■進入路線的設置

從停車場出來的顧客與步行來店的顧客進入餐館的路線往往不同，所以餐館的入口必須考慮到從兩方面來的顧客。不能使停車後出來的顧客走回頭路或者使步行而來的顧客繞行，而要使他們以最便捷的路線進入餐館。在引導路線上做好鋪地、綠化、照明、背景等方面的處理，使進入路線明晰而充滿趣味，使整體環境優雅宜人。

第六章

餐館賣場銷售氣氛設計

餐館賣場良好的軟體環境除了完善的賣場動線設計及良好的服務氣氛之外，還有一個重要的因素，即賣場的銷售氣氛。餐館是顧客現場購買、現場消費的場所，因此在進行餐館賣場設計時，還應重視賣場銷售氣氛的營造。

第一節　餐館賣場廣告設計

作爲賣場銷售的重要工具，廣告是不可缺少的。POP廣告即Point of Purchase Advertising，意爲賣點廣告，也可稱爲店面廣告、賣場廣告等。POP廣告有廣義與狹義之分，廣義的POP廣告概念是：凡是在購買場所、零售商店的周圍、入口、內部以及有商品的地方設置廣告物，如商店招牌、門面裝潢、櫥窗、商店裝飾、商品陳列、海報、傳單、刊物、表演以及廣播、錄影播放等廣告形式，都屬於POP廣告。狹義的POP廣告概念，是指在購買場所和零售店內設置的展示銷售和專櫃展售。這裡所指的是廣義的POP廣告。在餐飲業，POP廣告表示在營業場所，即在餐館賣場所做的廣告。國內外餐飲業的POP廣告運用範圍十分廣泛，例如店面招牌、餐點樣品櫥窗等戶外POP，還包括放在餐桌上、貼在牆上的菜單等室內POP。戶外POP也許要請專業的公司製作，但餐館的室內POP則盡可發揮想像，進行創意。

一、餐館賣場廣告的作用

POP廣告以其生動的畫面、明快的色彩、簡要的文字說明，吸引著廣大顧客，被商家親暱地稱爲「無言的推銷員」。日本大榮公司對零售業POP廣告運用效果所進行的統計分析如下：

＊定點陳列和架上陳列的商品，使用POP廣告時銷售額增加5％。
＊具體的商品促銷可增加23％的銷售額。
＊大量陳列的商品，使用POP廣告可增加42％的銷售額。

POP廣告對餐館的作用同樣不可忽視，餐館的POP廣告主要用在擴大經營產品及餐館的知名度及美譽度，利於塑造美好的賣場形象，從而保持穩定發展的利潤，在激烈的競爭中立於不敗之地。餐館賣場廣告的主要作用有下列六點：

(一) 塑造企業形象

賣場廣告是餐館現場的廣告，一方面賣場廣告以其靈活多樣深具吸引力的方式，在賓客心目中留下了深刻的印象；另一方面，整個餐館的氣氛和形象就是餐館最大的廣告。兩者相輔相成，互相支撐。專業設計、製作精良的賣場廣告，不僅能夠吸引新顧客，還能不斷增加回頭客的數量。

(二) 突出企業個性

賣場廣告的設計風格與思路都展現了餐館的經營個性和風格。透過與眾不同、富有吸引力與感染力的餐館賣場廣告，可以使顧客感受到企業的個性和文化特色。

(三) 推廣餐飲產品，促成即興購買

很多顧客在外出用餐時，也許直到跨進餐館大門都還未確定是否在此用餐，也有很多顧客原來沒有打算進餐館，但卻被餐館櫥窗陳設的誘人美食或極富吸引力的文字廣告引進了餐館的大門。據美國有關部門調查，顧客所做出的許多購買行爲屬於即興

購買行為，生活水準愈高，即興購買的比重就愈大。而即興購買發生的原因是什麼？美國店內廣告研究所在研究消費者的購買行為時發現，正是形形色色的賣場廣告刺激了正在逛街的消費者的購買慾望。產生即時購買，這恐怕是其他廣告形式所無法比擬的優勢。如果一家餐館在櫥窗外沒有張貼廣告，在店內也沒有明顯的廣告標識，連菜單也沒有及時送上，如此不注重賣場廣告的餐館，如何能在激烈的競爭中取勝呢？

(四) 特別推廣

■特選菜餚食品

賣場廣告可以針對特選菜餚、招牌菜等進行宣傳，而且必須重點突出、更換靈活。特別推廣的菜餚一般為能使餐館揚名的菜餚及價格好、毛利高、容易烹調的菜餚。特殊推銷的菜餚一般分為四類，即：

・特殊菜餚

指某種暢銷菜或高利潤的菜。這種特殊菜餚可以是某段時間市面上流行的菜色，例如中秋時節的時令大閘蟹，容易吸引客人，也能獲得高利潤。

・特殊套餐

針對某一顧客群或具有特殊風味的特殊套餐的推銷，是提高餐館銷售額的重要手段之一。例如，在各國國慶節時推出各國的風味套餐，並配合各國的民族歌舞表演，吸引不同國籍人士的光臨。還有在舉行婚禮的旺季推出的特色婚宴套餐等。

・每日一菜

有的餐館為了做到菜餚的常變常新，推出每日一菜，增加菜式的新鮮感，吸引老顧客光臨。

・特色烹調菜及自創菜餚

餐館的經營重在特色與創新。有些餐館以獨特的烹調方法來推銷一些特選菜、主廚招牌菜、特色菜等。例如夏日炎炎、暑熱難耐時，推出消暑解乏的可口小菜，推出自創的冷食甜品，如果能透過賣場廣告用賞心悅目的圖案向顧客推薦，一定能產生好的效果。但是如果把特色菜餚食品與普通產品混於同一處推銷，成效將大大降低。

■優惠價格

賣場廣告中關於優惠價格的比例相當高，在餐館門口常常可以見到「吃一百，送二十」，「開業酬賓八折供應」之類的廣告標語。消費者對價格是非常敏感的，針對優惠價格的賣場廣告自然效果良好。

■優惠服務

餐館推出優惠服務項目時，賣場廣告也是不可缺少的。例如在賣場贈送優惠券、小禮品、生日蛋糕，提供雜誌、書報供顧客閱讀，發放顧客貴賓卡等。

（五）促進追加消費

消費者在店內停留時間愈長，購買行爲的發生次數會愈多，消費量將會愈大。賣場廣告能吸引顧客，延長顧客在店內的停留時間，使顧客產生追加消費。例如，肯德基與麥當勞餐廳都在賣場內設置了兒童遊樂區，色彩鮮艷的兒童滑梯及各式玩具，大大延長兒童在店內的停留時間，自然也增加了追加消費。另外，一些餐館對追加消費給予折扣優待，也需要透過賣場廣告進行宣傳。賣場廣告是促使顧客產生追加消費的最佳廣告形式。

(六) 減少餐館廣告支出

餐館賣場的各種廣告如果設計合理，運用得當，無疑能減少其他廣告開支，特別是在媒體上做宣傳的開支。一些財力欠雄厚的餐館往往無力透過廣播、電視、報紙頻繁地做廣告，那麼如果從賣場廣告下一番工夫，將會出現事半功倍的效果。某家餐館充分利用賣場廣告，向顧客宣傳該店的經營產品及內容，例如設置大型燈箱，書寫店名；在入口處又設置不同方向的可移動的落地燈箱，書寫菜單及價格；此外，還在牆面上張貼廣告，門前放置當日特價套餐展示台等，收到了很好的效果。

二、餐館賣場廣告種類

餐館賣場廣告的種類很多，從不同角度區分各有不同。

(一) 從廣告位置區分

■餐館戶外廣告

餐館戶外的廣告有店面招牌、餐館標識、標誌、螢光燈廣告、霓虹燈廣告、紅布條、雕像、彩旗、櫥窗等種類。關於店面招牌、餐館標識等在第三章已有敘述，而櫥窗所產生的廣告作用也不容忽視。除餐館的常客外，一般人不願光顧一家賣場冷清、客人稀少的餐館。所以在靠近櫥窗的位置不能安排太多桌椅，可以放置一些樹木或花草盆景。領位小姐應盡量先把客人安排在靠窗的位置，給人一種生意興隆的印象。還有的餐館爲推銷海鮮水產或呈現餐館特色，將櫥窗的一部分設計成大魚缸，內養鮮活魚、蝦、鱉、蟹等，吸引顧客前往。還有一些餐館特意將廚房設在沿街的一面，利用透明玻璃窗，將廚師的操作顯示在行人面前，透過廚師的高超技藝吸引食客。例如西餐廳廚房使用的設備多為不銹鋼的自動化設備，且烹調過程比較簡單，採用這種方法可以得到很好的廣告推銷效果。

■餐館室內廣告

餐館室內的廣告有店內的各式招牌、標語、彩帶、彩旗、燈籠、海報、菜單、特色餐點介紹、廣播、電腦螢幕幕、餐點實物等。

(二) 從廣告方位分

■餐台廣告

餐館在吧台或餐台設置的主題POP廣告物。

■懸掛廣告

指從天花板、梁柱上垂吊下來的展示物，例如吊牌、飾物、氣球、彩條、小旗幟等。

高度適中的懸掛廣告造成各種動態，很容易引起注意，而且產生增強店面裝飾的效果。

■牆面廣告

指利用牆面張貼海報、裝飾旗等，主要是宣傳餐飲產品和美化牆壁，對餐館環境也有重要影響。

■地面廣告

地面廣告是利用餐館內外的地面空間，放置魚缸水台、旋轉台等，甚至在地面拼花，突出餐館標誌、標識。這也是餐館展示產品、突出形象、刺激購買衝動的良好形式。例如北京的三里屯

酒吧街的地面上每隔一公尺就有一個埋在地下的玻璃盒子，裡面陳設著酒瓶、海報及燈飾等，地面廣告走廊長達290公尺，共安裝了153個地面櫥窗。將傳統的櫥窗改成地面廣告，實在是別出心裁、創新求異的產物。據店主說還將在地面櫥窗裡放置一些學生作品及兒童畫，創造地面文化新形式。

(三) 從廣告主體分

■文字

文字是廣告應用較廣泛的主體，具有傳達訊息準確、易識別、精確度高等特點。例如招牌、標語等。

■圖片

運用圖片增添了廣告的生動性，並且可以增加視覺衝擊力，更容易引起顧客注意。彩色圖片能直接展示餐館所提供的菜餚產品，一張彩色照片往往勝過千字說明。但是圖片的印製要注意品質，如果印刷品質差反而會影響顧客的食慾。例如麥當勞、肯德基餐廳的食品圖片廣告，色澤誘人，令人食慾頓開。

■餐點實物

食品是餐館的主打產品，不論是原料展示或是餐點成品，都是餐館最好的廣告。在水族館內悠游的各式鮮活水產、在冷藏櫃內陳列色彩誘人的餐點、在服務員推車上冒著熱氣的各式麵點及廚師現場烹製的美味佳餚，都使顧客無法抵擋。但要注意菜餚的擺放與裝飾要簡單，不宜繁雜。一些造型拼盤過於講究視覺美，忽視了食品的衛生及口感，是忽視了食品的眞正功能（見圖6-1）。

圖6-1　誘人的餐點

■菜單

菜單是餐館提供顧客選擇所有菜餚食品的一覽表。它標有價格、附帶菜單說明介紹，是餐館的重要推銷工具。一份菜單上必須標有餐館的名稱與標誌、特色風味的介紹、餐館的地址與訂餐電話、餐廳營業時間與機構性訊息等。後三項內容可以列在菜單的封底或封頁下端。固定菜單的推銷作用是毋庸置疑的，但是除了固定菜單外，還有其他形式的特別廣告菜單。例如特選菜單，特別推銷一些時令菜、每周特選菜和新創口味等；兒童菜單，可以針對兒童進行推銷，供應符合兒童口味和數量的菜餚；情侶菜單，供應雙份套餐，用比較浪漫的菜名，提供年輕人較喜歡的菜色；合家歡菜單，選擇老中幼皆宜、注重營養、經濟實惠的套餐，為現代家庭量身定做。一些餐館也利用菜單作為贈品。這些菜單製作輕巧、攜帶方便。只要顧客認為新奇、有趣，能吸引其注意力、樂意收藏就是好的贈品菜單。

■聲音

聲音也是影響環境的重要因素，人們的心情隨著不同的聲音而波動變化。在餐館中，音響也是影響顧客用餐情緒的重要因素，同時店內廣播也是很有效的廣告形式。店歌的動感旋律，是在視覺、味覺、嗅覺、觸覺之後，帶給顧客聽覺上的享受。即時播報的食品打折廣告，贈送小禮品報導，都會引起顧客百分之百的注意。

■氣味

作為餐飲店而言，撲鼻的香味是最好的廣告。「罈啓葷香飄四鄰，佛聞棄禪跳牆來」，正是對菜餚香氣誘人的精彩描述。現場烹製燒烤的美食散發出來的香味，刺激著人們的嗅覺，激起食慾。餐館的最佳賣場廣告是麵包房源源不斷散發出來的香味，在街的對面就可以聞到。特別是在一天的工作接近尾聲時，香味像是一隻無形的手，牽著顧客來西餐館點上一個剛出爐的新鮮麵包，再來一杯醇香的咖啡或奶茶。

■人物動物造型

餐館爲增添帶給顧客的親切感，紛紛設計了餐館的標誌人物或動物形象，用以招攬顧客。例如大家熟知的麥當勞小丑，肯德基的上校先生等。

■服務人員和廚師

現場服務人員是餐館賣場廣告的重要主體。在點菜的過程中，服務員應向顧客介紹本餐館的菜餚食品，推薦特色菜、廚師精選菜等。一位優秀的服務員能根據顧客的需求，洞察顧客的心理，做出適當的推銷，成爲餐館的銷售明星。廚師的現場操作表演也是很好的廣告手段，能夠獲得良好的效果。例如某大飯店亞洲美食餐廳內的印度廚師設攤操作，根據顧客要求決定配料及調料的多少，吸引了很多客人圍觀。現場烹調推銷時，要注意選擇食品原料外觀新鮮美觀，而且烹調時無難聞氣味，烹調速度快且烹調方法簡單的菜餚，還應特別重視操作衛生。烹煮、燒烤類的菜餚比較容易現場烹調（見圖6-2）。

（四）從廣告動靜狀態分

■靜態

絕大部分的廣告都是靜態的，包括標語、圖片、造型等。

■動態

動態的廣告容易引起顧客注意，且富有變化，易調整。例如利用大型電子螢幕顯示菜單，隨時顯示餐館推出的特色菜及特惠

圖6-2　現場廚師操作

菜。現場廣播當然也是動態的，還有廚師的現場廚藝表演，例如拉麵館麵點師傅的現場拉麵表演，精湛的技藝讓顧客嘆爲觀止，更爲顧客增添了餐飲消費的樂趣。

三、餐館賣場廣告設計製作

（一）製作材料

製作餐館賣場廣告的材料有：紙、布、皮革、木、竹、塑膠、金屬、玻璃、石材等，除了利用這些材料自製賣場廣告外，還可利用一些成品進行加工處理。例如：

1.將廣告印製在小餐巾上。
2.將廣告印製在筷套上。
3.將廣告印製在茶杯墊上。
4.將廣告印製在彩旗上。
5.將廣告書寫或印製在布簾上。
6.將廣告直接印製在地板上。
7.將廣告印製在桌面上。
8.將廣告印製在服務員的制服上。
9.將廣告印製在食品包裝袋上。
10.將廣告印製在氣球上。

（二）廣告設計注意事項

■廣告數量

賣場中廣告的數量不宜太多，賣場畢竟是顧客的用餐場所，鋪天蓋地的廣告會使顧客產生厭煩心理，削弱廣告效果，破壞用餐氣氛。應抓住推廣的重點突出主打廣告，選擇重點菜餚加以展示。

■廣告位置安排

賣場廣告的位置安排十分重要，如果不張貼在全店都能看到的位置，就無法發揮POP的廣告效力。但是，也不能為了讓廣告處於最醒目的位置而妨礙了顧客的行動。除了位置醒目，廣告的張貼還應注意配合背景的高低、大小比例。例如張貼在牆面與柱面的不同，由於背景面不同，要適當調整廣告的大小。

■廣告詞

餐館賣場廣告要注意下列幾點：

・廣告詞的簡練性與精確性

廣告應將餐館推廣產品的訊息準確無誤地傳達給顧客，並且凸顯讀者所能得到的優惠，而不只是虛假的承諾。明確告知餐館的引人之處、用餐顧客能得到的優惠以及與其他餐館相比所占的優勢等。有的餐廳廣告詞為「一隻魚一塊錢」，但其實還要收取高昂的加工費，令抱著很高期望前來的顧客大呼上當。

・廣告詞的生動性及通俗性

廣告是一種針對大眾的訊息傳播活動，餐飲廣告詞必須是通俗易懂並且是生動而不晦澀的。可以採用日常用語，例如某家餐館的筷套上印著「吃得不好告訴經理，吃得好告訴朋友」；也有的餐館選用具有中國式古典風味的對聯式廣告語，例如左右聯分別是「贏也罷虧也罷喝個風吹草低，來也罷去也罷玩個面不改色」，橫披為「高興就好」。這是某酒館大門前貼的對聯，頗得好酒之人的嘉許。

・廣告文字的吸引力

餐飲廣告還應注意對廣告文字的字體、字型、大小、邊框的運用，是否引人注目，識別性如何？這些都會直接影響廣告的感知力。

■廣告色彩

廣告色彩的選用搭配也非常重要，主要是廣告底色與字體的顏色搭配與圖案的搭配是否和諧、悅目，對比是否鮮明；還有整個廣告與廣告背景、賣場環境的色彩是否和諧。一般招牌的色彩都會選用餐館的標誌色，而店內廣告的色彩選用可以視廣告的大小及張貼位置的不同，有更大的選擇餘地。而對於餐飲店而言，色彩除了和諧悅目之外，對消費者的食慾刺激也很重要。例如爲了向顧客推薦金秋時節的大閘蟹，刊登了精心製作的金黃色大閘蟹照片，再配以綠色的文字解說。黃綠相間，相得益彰，給人留下深刻印象。

■廣告用材質地

廣告的用材可以是光滑的質地，也可以是粗糙的質地，關鍵在於賣場的裝飾及陳列擺設的風格，及廣告所在的位置與背景的選擇。既要顧慮到與大環境的協調，又要突出廣告的存在，並且具有美感。

第二節　餐館賣場活動促銷策劃

賣場廣告是餐館進行宣傳及產品推薦的重要手段，而賣場促銷活動的策劃及舉辦則是餐館活躍氣氛、擴大影響的另一法寶。爲提升餐飲經營，活躍用餐氣氛，增加餐館以及餐飲產品的吸引力，招攬更多的顧客，餐館應該積極策劃各種類型的促銷活動。

一、餐館賣場活動促銷類型策劃

餐館賣場活動促銷的類型很多，一般可分爲以下幾種：

（一）從活動本身的特性分

■演出型

爲娛樂顧客，餐飲企業經常聘請一些專業文藝團體和表演者前來演出。演出的內容很多，例如卡拉OK、爵士音樂、輕音樂、鋼琴演奏、樂曲演奏、民族歌舞、時裝表演、相聲小品等。

■藝術型

一些餐館的設計具有濃厚的文化氣氛，所以促銷活動也可以採取書法表演、國畫展覽、骨董陳列等形式。例如針對兒童顧客群的速食店可在兒童節或假期舉辦兒童繪畫比賽，而具有古典風情的餐館則可舉辦民俗工藝品展覽等活動。

■娛樂型

爲活躍餐館氣氛吸引客人，還可舉辦娛樂型活動進行促銷。例如猜謎、抽獎、遊戲等。或是在賣場內設立多種有趣的遊樂器具，舉行魔術表演，舉辦釣水球、撈魚等遊戲，放映卡通片並進行抽獎，可以收到良好的成效。

■知識型

知識型促銷活動迎合目前人們求知心切、學習慾強的心理，透過這類活動，餐館不僅爲顧客提供豐富可口的菜餚食品，同時也提供了精神食糧。例如提供書報、閱覽雜誌，播放新聞及舉辦英語會話、學者講座、讀者見面會等活動。

■實惠型

針對追求實惠的顧客，餐飲企業可以透過折價推銷、限時打折、贈送小禮品、餐券等實惠型促銷活動，吸引顧客上門，並贏得回頭客。

（二）從活動舉辦的頻率與周期分

按照促銷活動舉辦的頻率與周期的不同，可大致分爲常設型活動與企劃型活動兩大類。

■常設型活動

常設型活動主要包括有：

1.利用空間型：例如交際廣場、週日廣場的創設。
2.展示型：例如透過餐館的水池、噴水池、小溪、庭院式裝飾及仿古式裝飾等進行展示活動。

■企劃型活動

企劃型活動主要包括：

1.短期型活動：餐館依照傳統與新創意設定各種活動。
2.定期型活動：在不同季節舉辦，也可配合一年中的各種節慶日舉辦。例如：情人節當週策劃一系列促銷活動，包括推出情人套餐、甜蜜蜜遊戲活動以及情人節贈品等；在母親節與父親節時推出親子感恩餐、合家歡樂餐等產品，並設計配合的活動如抽獎、贈品等。
3.利用區域特色舉辦活動：餐館可配合當地的民俗節慶實施特別活動，吸引各地聞風而來看熱鬧的群眾。舉辦這類活動，餐館應內外配合，透過出色的裝飾及舉辦活動招攬顧客及觀光客。

二、餐館賣場活動促銷過程策劃

餐館賣場活動促銷的整個過程牽涉到許多環節，這些環節必須環環相扣，缺一不可。策劃步驟如下：

(一) 目標策劃

餐館進行活動促銷策劃時，首先應確定活動的目標。主要目標是增加餐館營業量、顧客平均消費水準，還有藉此加強顧客對餐館的深刻印象，擴大影響。其次，還應做好活動的可行性分析，比較投入預算與收益的關係。

(二) 對象策劃

促銷活動的針對性應該明確，是針對餐館的廣泛顧客群，或者是某一年齡階層或消費層次的顧客。根據活動對象的不同，活動的創意也由此而改變。

(三) 人員策劃與配備

舉辦這次活動的人員配備必須明確，包括策劃者、主辦者、具體操作者、聯絡者等。

(四) 創意及內容策劃

活動的創意策劃非常重要，是整個活動的靈魂所在。一個好的創意是成功的一半，獨特性、新奇性、易參與性都是活動受歡迎的必要條件。

（五）過程策劃

活動的創意與內容確定後，應對活動的整個過程進行策劃。例如活動開始的時間、舉辦的周期、活動的宣傳、活動用品配備、活動舉行步驟等細節問題，都必須安排妥當。

（六）場地策劃

活動舉辦的場地可以是餐館內的某一區域，也可以在餐館入口空間或者在店外廣場上舉辦。

（七）時間策劃

活動舉辦的具體日期，具體時段，以及每隔幾個月舉辦幾天等問題，都要詳細計畫。

三、餐館賣場活動促銷要點

餐館在舉辦活動促銷時應注意以下要點：

（一）活動的話題性

活動要擴大在顧客群中的影響，就必須具有新聞性，能產生話題，引起大眾傳播的興趣，可以間接帶動顧客。

（二）活動的新潮性

活動要具有現代感、時代性。例如現在「綠色消費」成為風潮，某店家提出顧客可以用舊電池折價換取食品，結果整整一天顧客盈門，社會回響極大，這次活動也上了新聞報紙。

（三）活動的即興性

活動應具有易參與性，無需特別準備，顧客就可即興參加，由此可擴大活動的參與面。

（四）活動的單純性

活動的單純性同樣很重要，但往往容易被策劃者所忽略。如果一件極富創意的策劃，卻由於過分拘泥，而變得複雜化，將會失去效果。

（五）活動的參與性

歌星演唱、鋼琴演奏的音樂餐飲店，不如卡拉OK的餐飲店參與性強。同樣，畫廊酒吧也比不上塗鴉酒吧的參與性高。

第七章

各類餐館賣場設計要點

餐館的種類很多，各種類型餐館的賣場設計也各有千秋、風格各異。不同類型的餐館目標顧客不同，賣場設計的要點也不同。爲了滿足不同顧客的需求，在追求的功能與風格上也存在著差異。

第一節　風味餐廳與主題餐廳

各類風味餐廳與主題餐廳在餐飲企業中占了較大比重，也擁有大量的市場比率。風味餐廳與主題餐廳的種類非常繁多，充分呈現了飲食文化的博大精深，也充分顯示了餐飲業主們精於產品、旨在創新的經營精神。

一、多姿多采的風味餐館

(一) 風味餐館種類

風味餐館主要透過提供獨特風味的菜餚或獨特烹調方法的菜餚，來滿足顧客的需要。一般來說，風味餐館主要包括：

1.專門經營某一類食品或菜色的餐館：例如風味小吃店、麵館、海鮮餐館、野味餐館、燒烤餐廳等。
2.專門經營某一地方菜系或具有民族風味的餐館：例如川菜館、粵菜館、潮州軒、湘菜館、北京餐廳、伊斯蘭風格餐廳等。
3.經營某一國的風味菜色：例如法式餐廳、日本料理、韓國料理、印度餐廳等。

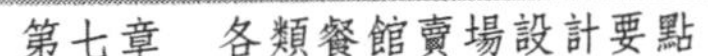

4.供應顧客某一特殊需要的菜餚：例如素菜館、藥膳等。

（二）風味餐館特點

風味餐館最突出的特點是具有地方性及民族性。

1.風味餐館具有明顯的地域性，強調菜餚的正宗、口味道地、純正。
2.風味餐館以某一類特定風味的菜餚來吸引目標顧客，餐具種類有限而簡單。
3.風味餐館一般實行簡化的餐桌服務方式，具有家庭氣氛和親切感。
4.風味餐館的賣場以呈現經營產品的地方風格爲目的，創造隨意及輕鬆和諧的用餐氣氛。

（三）風味餐館賣場設計要點舉例分析

■中式風味餐廳範例

・經營某一種地方菜系風味餐廳

對我國的菜系分法，最有影響的是海內外公認的「八大菜系」或「四大菜系」。八大菜系即粵、閩、川、湘、蘇、浙、魯、皖。四大菜系即粵、川、魯、蘇。地方風味餐館以供應這幾類菜系菜餚爲最多，聲名也最盛。地方菜系風味餐館的賣場設計以呈現地方特徵爲主旨，例如北京北平樓將優雅的京韻大鼓、道地的北京風味菜餚、名人精心設計的仿古建築、古色古香的室內典雅環境結合在一起，形成具有濃郁傳統的「京派」餐飲店。

而天津菜館的整體裝飾則突出天津飲食文化和地方民風民俗，高懸到頂的串串宮燈下，陳列著年代久遠的人力車和龍嘴大茶壺；以津門美景命名的雅室內，一派明清風格的裝飾，飛檐上邊一對小燕子在巢邊銜食，典雅而富有情趣；津門特有的工藝品與津門書法家字畫，使人未嘗天津菜餚，先享津門風情。

・經營某種民族風格菜餚的餐館

我國是個擁有多民族的國家，各種民族有著不同的飲食習慣，也有著多采多姿的民俗特色。例如針對回民開設的伊斯蘭風格餐館，不僅在食品上有著別具一格的特點，在賣場風格上也具有濃厚的民族特色。餐館內利用伊斯蘭式的拱券柱來分隔不同的空間，圓柱輕巧纖秀，用方形券腳墊石作爲圓柱與拱券的銜接。拱券的輪廓如蜂窩狀，拱券及天花板上覆蓋著幾何形的裝飾紋樣，這一切都呈現了餐館特有的伊斯蘭風格。

・經營某一種食品或菜餚為主的風味餐廳

經營某一種食品或菜餚爲主的風味餐廳有野味餐館、燒烤餐館或經營地方小吃的風味餐館等。

1.野味餐廳

野味餐廳突出的是野趣與自然，滿足人們回歸自然、重返鄉土的心理。北京燕翔飯店的野味餐廳，四周古拙粗獷的仿原始崖畫風格的壁畫，描繪遠古時代先民狩獵情景。整個餐廳突出了一個「野」字，野趣盎然，十分貼切地點明了餐廳特點。美國長索拉海味館，也是一家陳設個性很強的餐館，在它的入口處立著一個大型的玻璃缸，裡面陳列著各種海鮮，廳內有用原木仿船帆桿製成的柱子，上面掛滿各色彩旗，由藍色的餐巾及座墊等組成藍色的色調氣氛，各種海螺、魚飾品的妝點更使人有身臨其境的感覺。海味餐廳用冷色的綠、藍、白，以表現海的氣氛。

2.地方小吃型風味餐廳

地方小吃風味餐廳最能呈現的是地方民俗，因爲每一種地方小吃都是與地方民俗緊緊結合在一起的。

例如廣州花園酒店荔彎亭風趣小食亭，入口處由水鄉烏篷船的欒組成隔斷，柱上掛著紅色的葫蘆酒幡，方形的八仙桌、長板凳和油燈式風趣吊燈。在這裡，人們喝著紹興酒、品著五香豆，小食亭以白描手法創造了一種樸素無華的、帶有濃郁江南水鄉的格調。

現在民俗風味小吃廣場與美食街形式的餐館也十分受歡迎，飲食廣場與美食街大都由多家店面組成，但共處於一個大空間內，在設計上應注重整體的統一性。各個店面的櫃台、招牌、霓虹燈廣告等的大小和高度都是統一的，整個空間的裝修、色彩、家具也是按照統一的尺度進行設計，以保證整體效果。

■供應某一國菜餚的風味餐廳

這一類餐廳有法式餐廳、義式餐廳、日式餐廳、韓國餐廳、印度餐廳等，主要呈現的是該國的裝飾風格。

・西式餐廳

西餐泛指根據西方國家飲食習慣烹製出的菜餚食品。西餐分法式、俄式、美式、英式、義式等，除了烹飪方式與服務方式的區別外，在餐廳賣場風格上也各有千秋。

豪華的西餐廳多採用法式設計風格，其特點是裝潢華麗，注重餐具、燈光、陳設以及音響的配合，餐廳中注重寧靜，突出貴族情調，由外到內、由靜態到動態形成一種高雅凝重的氣氛。法式風格的建築具有代表性的是路易十四、十五和十六時期的風格，其中最突出的是路易十五時期的「洛可可」式。其特徵是具有纖細、輕巧、華麗和繁瑣的裝飾性，喜用C形、S形或漩渦形的曲線和清淡柔和的色彩，裝飾題材有自然主義傾向。法國式的室內充滿閃爍的光澤，以曲線爲主的家具上常鑲有螺鈿，擺設有瓷器和漆器。現在國內不少飯店的法國餐廳，採用的就是路易十五的風格，奶白色的低護牆板和洛可可家具，均刻以簡單的線

條，整個室內環境舒適、雅致。

西餐廳的裝飾陳設是以歐美人的進餐心理角度考量室內空間氣氛與情調。餐桌上的照明強度大於餐廳本身的照度，光色溫和，光線偏暗，使餐廳空間尺度在視覺上感到小而親切，造成安閒寧靜的氣氛。

例如：新雅粵菜館歐式的玫瑰園以淺灰、奶白、血牙紅色爲基調，配以珠鏈式燭形吊燈和壁燈，牆面塗飾金線，白色的法式家具及擺設，顯露出典雅、華貴而舒適的歐式風格。

大連海景酒店的旋轉西餐廳環境優雅，地面用一種黑色含石英的大理石裝飾，頂棚上的燈光打在地板上，相互輝映，營造出一種富麗堂皇的氣氛。餐台上，有各種造型的青銅雕塑如人體、騎士等；地板上，用一盆盆綠色植物將整個大廳劃分成數個區域，便於管理和服務。每天推出的自然冰雕展是西餐廳的令一賣點，造型有天鵝、飛鳥、燕魚、海豚、相思鳥等十幾種，其底座由美國進口，有紅、藍等各種顏色，還能夠旋轉，燈光從上而下打在冰雕上，絢麗奪目，爲整個餐廳增添了不少情趣。

南京金陵飯店太平洋餐廳的裝飾呈現了濃郁的歐式格調，凝結了許多藝術構想與經營理念。引人注目的鑰匙型吧台，別具風格；具有歐陸風情的酒架上，一字排開地陳列了近百種世界各地的名酒。坐上吧台小飲，俯首可見陳列於台下的數千枚色彩斑斕的雨花石。與吧台相連的是鋪滿印度紅木地板的餐廳。餐桌上紅白間隔鑲綠邊的台布、藍邊白色的桌牌、鮮艷的百合花透露出新潮、活潑和雅意。

・日式餐廳

日式餐廳也稱爲和風餐廳，是專門經營「和式料理」的日本風格餐廳。按照日本飲食業的分類，和式料理店是指經營日本傳統料理的餐飲店，有天婦羅料理店、鰻魚料理店、河豚料理店、雞料理店、螃蟹料理店和鄉村料理店等。但是在我國的日本料理店一般沒有那麼細的分類，注重的是風格特色。在日本式食品和烹調手法的基礎上，凸顯餐廳具有日本特色的格局和裝飾風格（見圖7-1）。

1.風格特點

和式餐廳追求樸素、安靜、舒適的空間氣氛，室內裝修一般都採用自然材料如木、草、竹、石等，空間較爲低矮，淨高多爲2.3～2.7公尺之間，門窗爲推拉式。日本人對自然美有著深深的眷戀，傳統的書法、繪畫、詩、插花和茶道等藝術都呈現著幽、立、清、寂的特點。生活中進屋脫鞋、席地而坐等風俗都有著悠久歷史，其室內採用木框糊紙的拉門、窗扇與榻榻米已形成獨特的風格。

2.入口

日式餐廳的入口有其特色，一般包括以下幾個部分：前庭、置放食品樣品的展示櫃、玄關及收銀台等。前庭常設置成日本古典庭園的形式，例如擺放石燈、水缽、庭石、花草、竹、白砂等。前庭的空間一般很小，但是組合精巧，常與玄關一起產生曲徑通幽、引人入勝的效果。玄關通常設自動開啓門或推拉門，地面鋪設日本大理石或岩石。食品展示櫃在日式餐廳門前比較常見。櫃中陳列該店提供的主要菜餚，並且都有價格標示。

3.榻榻米

榻榻米實際是一種用草編織、有一定厚度的墊子，一塊墊子稱爲一帖，標準尺寸是90公分×180公分。日式餐廳的榻榻米有不同的種類，例如條列式榻榻米、榻榻米包廂、榻榻米「廣間」、下沈式榻榻米席等。條列式榻榻米座席一般與椅子式的座席並置在同一個大空間中，沿邊布置。一般高級餐廳常用的榻榻米包廂有4.5帖、6帖、8帖等，4.5帖的空間一般供四人用餐，8

圖7-1　日式餐廳

帖的空間供6人用餐較爲寬裕。包廂設有可以推拉及摘取的門扇，一般有兩個方向設有這樣的推拉門，方便靈活地設置出入口及服務路線。榻榻米「廣間」是由12帖以上的榻榻米席連續鋪設而成的大空間，一般作爲宴會場所。下沈式榻榻米是受座椅的影響演變而來的一種備受青睞的形式，它既保持日本傳統榻榻米席的特色，又具有坐時可把下肢垂下放鬆的優點。下沈深度一般爲40公分左右。

4.「床の間」

「床の間」（日文）即一種壁龕，原是「和室」中供佛的佛龕，後來演變成一種裝飾空間。「床の間」是「和室」中最重要的空間，靠近它的席位是貴賓席，上菜的出入口與它形成對角線的位置關係。

5.櫃台席

沿長條形的櫃台或桌子一側布置座位就形成了櫃台席，它在日式餐廳中的應用也比較廣泛。櫃台席有直線形、L形、折線形、曲線形與高低式等種類，一般與酒吧、開放式廚房相結合，常作爲廚房與餐廳間的分界。櫃台席節省了端送的路線，使店家與顧客之間的關係更爲親切、融洽。

除西式與日式之外，表現韓國、泰國及印度等亞洲國家風味的餐廳，由於本身的特色及獨到的文化內涵，也受到廣大顧客歡迎（見圖7-2）。

二、個性獨特的主題餐館

主題餐館主要是透過裝飾布置和娛樂安排，追求某一特定的主題風格，創造一種用餐氣氛招攬顧客。例如文化餐廳、搖滾餐廳、足球餐廳等。到主題餐廳用餐的客人主要是爲了獲得整體感

圖7-2　泰國餐廳

受，而不僅僅是食品飲料本身。所以這類餐廳提供的餐飲品種往往有限，但極富特色。

(一) 主題餐館的特性

■具有特定的客源市場

主題餐館所提供的產品並不是滿足大眾的需求，而只是針對某部分人士的特殊需求而特別設計的。所以，主題餐館具有特定的客源市場，也許只占整個客源市場中的極小比率，但由於所選主題的高度獨立性，深受特定客源的喜愛。

■特殊的餐廳服務

主題餐館不僅要滿足顧客的一般飲食需求，還要提供一些特殊的服務項目，凸顯主題、吸引賓客。例如棒球餐廳幫忙球迷購買門票、舉辦與棒球明星的聯誼會、組織球迷觀看球賽；網路餐廳實現網上訂菜、訂座，上網瀏覽，觀看頻道點播等，這些主題活動像磁鐵一樣，將對棒球運動或網路熱中的顧客群吸引到主題餐館。

■經營的高風險及高利潤

由於主題餐館的目標市場在大眾市場中只占極小比率，所以相對提供大眾化產品的大眾餐館而言，經營存在高風險。但是如果經營得法，卻又能比大眾化餐館更具競爭力，可以帶來高利潤。現在大眾消費趨向於個性化，所以可以預見將會有愈來愈多的主題餐館湧現出來。

■賣場設置的特殊性

既然是有別於普通餐館的主題餐廳，餐館的賣場就不能只是追求舒適、豪華或是雅致。它必須透過特別的裝飾與布置來呈現

特殊的風格或情調，提供一種特別的文化氣氛。

（二）主題餐館的經營形式與賣場設計

■以豐富的文化內涵為主題

全球各個國家、各個地域、各種層次的文化都可以作爲主題餐館的取材內容，當今世界是豐富多彩的，各地都有特殊及獨具個性的文化遺產。只要根據當地的實際情況巧妙地對文化寶庫進行開發，就能得到意想不到的收穫。

例如《紅樓夢》在中國可謂是家喻戶曉，深受人們喜愛、百看不厭的經典傳世之作，所以也出現了以中國四大古典名著之一的《紅樓夢》爲主題的餐館。紅樓餐館將賣場設置成立體的大觀園，將各個包廂設計爲《紅樓夢》中黛玉的瀟湘館、寶玉的怡紅院等，再引入紅樓菜系，服務人員則身著古裝，配以絲竹弦樂，令來賓恍如置身於《紅樓夢》中。

廣州花園酒店的中餐廳，則是取材於另一部古典名著——《三國演義》，餐廳名爲「桃園廳」，漆彩的仿古宮燈，典雅挺秀的仿明式座椅，木質的仿古寺院梁柱、隔斷，繪著劉備、關羽、張飛的三國人物畫，以及穿著金絲絨旗袍的女服務員，整個餐廳溫暖、華貴、壯觀，富有古色古香的風韻。

北京的「半畝園」餐廳，其菜單以藍色作爲底色，摺疊起來像一冊線裝古書，裡面印有「半畝園小記」和「半半歌」：「半生戎馬，半世悠閒，半百歲月若煙，半畝耕耘田園，半間小店路邊，半麵半餅俱鮮，淺斟正好半酣，半客半友談笑意忘年，半醉半飽離座展歡顏。」令人愛不釋手，回味無窮。店內頗具書卷氣，牆上掛有水墨書畫，室內色彩別具一格，餐桌爲古銅色鑲邊的墨綠色桌面。整個餐廳圍繞「半畝園」的主題設計，使人感到一股濃郁的中國古文化的風雅之氣，令人心曠神怡，悠然陶醉。

再如香港的滿漢全席酒樓，以前清宮廷的「滿漢全席」爲主題。酒樓的賣場可以提供400人的宴會場地，劃分「娛樂」和「御膳」兩區，服務人員仿照清廷宮女及侍衛打扮，娛樂廳搭置成亭台樓閣，備有金龍纏身的黃袍，客人可以穿戴扮成皇帝。席間還有樂隊演奏，宮廷舞女翩翩起舞，民間藝人獻藝、文人騷客弄墨，熱鬧非凡。光顧過的客人說：「眼福多於口福，排場勝過佳餚。」滿漢全席雖然價格不菲，但豪門大賈們還是趨之若鶩。

日本的「絲綢之路」中餐館以「絲綢之路」爲主題，充分呈現了日本人嚮往絲路文化的心理。該餐館劃分爲三個用餐空間，餐廳A爲雅座，餐廳B以藍色爲主基調，用弧形矮隔斷及地面材質的變化進行空間分隔，弧形牆上陳列絲綢、佛像，以點出主題，在通透的落地玻璃窗外有個小庭，用鋼筋混凝土管柱圍合，地面鋪設著石塊。石庭使餐廳避開了街上的喧嘩，庭內石地上架著一條栩栩如生的舞龍。餐廳C又有所不同，四根裝飾柱上端有八個能發光的玻璃環，中間的結構柱上頂著光暈，五根柱子上鮮艷的色澤象徵著絢麗多采的絲綢。

■以特定的環境為主題

主題餐館將餐館設置在特定的環境中，讓客人在用餐過程中，同時感受到周圍特別的情調與風景。有特殊突出的地理環境，例如空中餐館、海底餐館、監獄餐館、森林餐館、綠林好漢餐廳、峽谷餐館、海盜餐館等。也有透過特別的環境突出某種情調與氣氛的餐館，例如復古餐廳、懷舊餐館等。

突尼斯海盜餐館坐落在地中海海濱一處幽靜的海灣邊，四周綠樹繁蔭，鮮花盛開，風景秀麗。相傳在古羅馬時代，這裡曾是海盜的宿營地。如今，海盜作爲一個特定歷史時期的產物已經消逝，但這塊土地上美麗的自然風光和傳奇般的故事，卻吸引了成千上萬的遊人，成爲著名的旅遊勝地。商人們藉「海盜」攬客，辦起了饒有趣味的「海盜餐館」。「海盜餐館」模仿當年在海上神出鬼沒、殺人搶劫的盜賊們的生活習慣建造布局，與現代餐館的格局大不相同。餐館沒有圍牆，只是在平地上豎著一個大門，大門兩邊地上各放了一條五公尺長的大鐵鏈和一個大鐵錨。迎面的一面牆旁邊還砌有兩座一個人高的壁爐。據說，這正是古時海盜們烤肉煮湯的地方。現在，爐子已重新砌過，烹調時，烘、烤、煎、炸、煮都用這兩座爐子。到晚上，熊熊的火光將四周海面照得通紅，景色十分壯觀，餐館裡沒有店面、餐廳，門的左側是長著椰子樹和棕櫚樹的一個庭院，樹下放著木製桌椅，供客人進餐。客人們可以在此一邊品嘗佳餚，一邊欣賞海上景致。當下雨颳風時，可以將桌椅搬至旁邊的小屋中。小屋蓋成山洞模樣，窗戶很小，裡面點著油燈，亮光如豆，隨風搖曳，別具風情。餐館用具也十分粗糙，客人們用大陶碗喝葡萄酒，用橄欖枝紮成的小筐盛放麵包。最使客人喜愛和嚮往的是餐館裡供應的名菜海味，其中大龍蝦、烤鯛魚、冷盤蝦段、雷粥湯等都是地中海周圍國家享有盛名的美味，而鮮牡蠣則是來客必點的菜餚，其製作之精細、味道之鮮美，就連來自牡蠣家鄉——法國的食客也拍手叫絕。賓客們在綠蔭樹下，品嘗鮮美的海味，聆聽拍岸濤聲，羨水天之一色，發思古之幽情，無不感到心曠神怡，樂而忘返。因此，海盜餐館終日生意興隆，賓客如雲。

羅馬尼亞布拉索夫市郊的密林中，有家「綠林好漢」餐廳，該餐廳的建築布局全部模仿古代綠林好漢宿營用餐的房屋，整個以石壘爲地基草木爲頂棚，四周牆壁用渾圓的樹幹組成，大大小小的野鹿頭骨、骨叉掛滿四壁，餐廳中央放著一只古色古香的爐灶，餐桌全用粗木釘組，椅子上鋪著獸皮，顧客置身其中，彷彿走進了古代綠林好漢的房子。

紐約的復古餐廳利用人們普遍存在的懷舊情緒，以「復古懷舊」爲主題，餐廳的裝潢效法一九三〇年代，陳設飾物古典優雅，例如美麗的骨董、具有東方色彩的地毯、桃花心木的門窗等，所供應的食品均爲傳統風味，餐具一律採用古色古香的陶瓷製品，播放的是一九三〇年代的背景音樂，整個餐廳的環境氣氛使時光倒流，猶如回到了一九三〇年代。

■以某項特殊的人情關係為主題

某些主題餐館抓住某些人的心理，以某種特殊的人情關係爲主題，渲染出特殊的氣氛。例如「情人酒家」爲熱戀中的情人們提供浪漫的用餐；甚至還出現了「離婚餐館」，爲即將分手的夫妻提供共進的最後一餐，餐館的布置沈靜安寧，時時迴旋著一首首扣人心弦的老情歌，令人回憶起美好的過去。據說特殊的氣氛與菜色使一些夫妻再度攜手，破鏡重圓。

■以高科技手段為主題

一些餐館運用高科技手段，使餐館賣場環境與用餐過程變得新奇而刺激，滿足年輕人獵奇和追求刺激的慾望。

例如洛杉磯「科幻餐廳」，餐廳內座席的設計與宇宙飛船船艙中一樣，顧客只要面向正前方坐下來，就能看到一幅一公尺見方的螢幕，一旦滿座，整個餐廳就會變暗，並傳來播音員的聲音「宇宙飛船馬上就要發射了」。在發射的同時，椅子自動向後傾斜，螢幕上映現出宇宙的各種景色，前後持續八分鐘。顧客可以在「科幻餐廳」內，一邊品嘗漢堡，一邊體驗著宇宙旅行的滋味。

美國另一家「好萊塢星球」餐廳，其外形是一個三十公尺高的藍色大球，有十二根鋼架支撐，顧客透過筒形的自動扶梯來到

一個圓形雨篷下。夜幕降臨時，雨篷會發光，猶如飛碟降臨。餐廳有兩層，在幾個不同的用餐區分別掛著重約十一噸的好萊塢紀念物，有汽車、噴氣式飛機座艙等，還有一個大型壓軋機沿軌道在客人頭上緩緩滑過。巨大的螢幕上不斷播放著經典影片的片段和流行音樂MTV，介紹著名電影明星和電影發展史。服務員則裝扮成人們熟知的電影角色如「美國船長」、「蜘蛛人」等，爲顧客服務。

■以某項興趣愛好為主題

以某項興趣愛好或活動爲主題的餐館很多，例如足球餐館、搖滾餐館、廣告餐館、文曲星酒家、電影餐館、網路餐廳等。

足球餐館的魅力在於足球，而足球、賽事等所營造的特色氣氛具有一種無形的凝聚力，吸引了眾多的球迷及體育愛好者。某家球迷餐館提出「是球迷就是朋友」的經營口號，來這裡用餐的大都是足球愛好者。牆上的裝飾品是各個球隊的球員合照，酒櫃裡陳設著有國內外球星簽名的足球，門前的櫥窗上還印有一個偌大的足球場，上面寫著一句頗具感召力的口號：「足球，我們心中的太陽，和天下球迷共圓足球夢。」餐廳裡裝配了一台大電視，有球賽就播放球賽，沒有球賽就播放精彩球賽的錄影與剪輯。球迷們一邊用餐一邊談球，別有一番情趣。如果碰上重大賽事，這裡就熱鬧非凡，生意格外興隆。北京建國飯店在世界杯開賽時，針對球迷的心理推出了足球餐廳，將餐廳大門改裝成足球場上的球門，客人就從此蜂湧而入，更是增添了球場的氣息。

在葡萄牙首都里斯本的特茹河大橋旁邊，有一家以電影片名「誰來晚餐」爲招牌的餐館。這家餐館由藝術家聯合開辦，餐館的五位股東中，兩位是演員，一位是畫家，一位是雕塑家，還有一位是電視文藝節目的主持人。這家餐館的招牌顯示出餐館獨特的藝術風格，具有強烈的吸引力。餐館的布置別出心裁，處處洋溢著藝術情調與魅力。餐廳的牆壁上掛著幾百幅電影劇照，每把座椅背面都印有各國電影明星的名字，靠近酒吧台一張桌邊的椅子上，分別引人注目地寫著世界影壇巨星費雯麗、瑪麗蓮·夢露、史泰龍的名字。光顧餐館的大多數食客都是電影迷，是影星們的崇拜者。當顧客面前擺上餐館的拿手好菜時，餐廳的燈光會忽然暗下來，隨即響起一陣奇妙的聲音，這是某一部榮獲奧斯卡金像獎的電影的音響效果。雖然它不能像標題音樂那樣緊扣主題，但藝術家們的藝術創作，卻能爲顧客增添樂趣，喚起聯想，誘發食慾。餐後，餐館還提供一種用咖啡、檸檬、糖、奶、酒和油混合而成的獨特飲料，藝術家們稱這種混合飲料爲「燃燒」。由於飲料中酒的度數很高，點燃後會冒出藍瑩瑩的火苗，每當顧客用匙子輕輕攪動飲料時，會聽到一陣電閃雷鳴般的音響，使人想起一場熊熊燃燒的大火。當影迷們置身於電影劇照的包圍中，坐在寫有明星姓名的椅子上進餐，欣賞著播放的電影音響效果時，不由會產生幻覺，恍如眞的與名人們並肩共坐，共進晚餐。

廣告作爲傳播訊息的說服藝術，許多表現形式與創意都是可供觀賞與品味的。一些廣告精品更是具有很高的藝術價値。一家廣告餐廳以廣告爲主題，憑藉濃厚的經典廣告氣氛，吸引了眾多廣告愛好者。在餐廳內，服務人員都穿著廣告廠商提供的服飾，裝小毛巾的瓷盤內印有精妙的廣告畫，顧客享用的每一道菜餚都用配料巧妙地拼成廣告文字或圖案，用餐結束後，還有各式禮物供客人挑選，每一種禮物上都有不同創意的傑出廣告。廣告餐館的顧客在品味佳餚的同時，又能品味各種構思巧妙的廣告，而且還能獲得各種各樣的富有創意的禮品，收穫頗豐。

第二節　速食店與休閒娛樂餐館

速食店與休閒餐館也是人們日常生活中不可缺少的餐飲設施。速食店提供快捷的食品與服務，而休閒餐館則使人們在緊張的工作空隙得以休憩和放鬆。

一、便利快捷的速食店

速食店顧名思義，是提供快速餐飲服務的餐館。速食店起源於一九二〇年代的美國，與傳統餐館相比，可以將速食店視爲工業化概念引進餐飲業的結果。由於速食店適應了現代生活快節奏、注重營養及衛生的要求，一出現就獲得了飛快的發展。速食店的規模一般不大，菜餚品種較簡單，多爲大眾化的中低檔菜色，並且多以標準分量的形式提供。

(一) 特點

■菜式簡單易於接受，服務有限

速食店與其他風味餐館成主題餐館相比，菜式更爲簡單，除了單點菜單外，也提供套餐菜單。而且速食店的菜餚比較大眾化，易於被廣大消費者所接受。速食店很少提供餐桌服務，大都由顧客直接到櫃台點菜、付款、開票，自己拿取食物，服務員只提供類似清潔桌面的服務。

■採用大量半成品及自動和半自動的機械式製作

速食店的食品一般都預先製作、準備充分，顧客點完單後即可領取。西式速食店一般都借用機器來製作食物，現代化的機械生產線快捷衛生，且有助於保證品質。

■服務速度快

速食店的服務人員講究效率，收款、開票、出菜、清潔都必須加快速度，才能滿足客人的要求。

■價格相對低廉

速食店的食品成本較低，所以餐點價格相對低廉。麥當勞的標誌「M」很像一把大叉子，準確地插住了中國的大市場。速食業在日本非常發達，隨處可見，原因之一就是日本的速食業堅持價廉第一。在日本，符合速食業的三個條件中的首要條件就是：顧客人均消費額不超過七百日圓。

(二) 速食店賣場設計要點

速食店的賣場環境應以簡潔明快、輕鬆活潑爲宜。麥當勞與肯德基就是最成功的典範。

■平面布局

速食店平面布局的好壞直接影響速食店的服務效率。最爲常見的方式是將大部分桌椅靠牆排列，其餘以島形配置於餐廳的中央，這種方式最能有效的利用空間。由於速食店一般採用顧客自助服務式，所以在動線設計上要注意區分出動區與靜區。按照顧客入店→到櫃台購買食品→購買飲料→付款→端到座位用餐→中途購買→離店的順序合理設計動線，避免出現通行不暢、相互碰撞的現象。

■燈光

速食店的燈光應選用螢光爲主，美國賓夕法尼亞州立大學飲

食管理系的卡羅琳．蘭伯特博士認爲，螢光會縮短顧客的用餐時間。光線的強度對顧客的用餐時間也有影響，昏暗的光線會增加顧客的用餐時間，而明亮的光線則會加快顧客的用餐速度。所以，速食店的賣場宜選用明亮的光線。

■色彩

在速食店的設計中，要想提高顧客的流動率，在室內最好使用紅綠相間的顏色，而不使用桃紅色、紫紅色等色彩。因爲桃紅色、紫紅色等色彩有一種柔和、悠閒的作用。室內色彩以紅色、橙色爲主，色彩亮麗，誘人食慾。燈光明亮，環境舒適，通透的玻璃窗，視野開闊。

■溫度和濕度

溫度能夠影響顧客的流動性，速食店可以透過較低的溫度來增加顧客的流動性。而濕度略小的環境，也能增加顧客的流動性。

■音響

速食店的背景音樂適合選擇輕鬆活潑、動感較強的旋律，樂曲的音量，以不影響顧客說話，又不致被噪音淹沒爲主。麥當勞、肯德基都以動感十足的伴餐音樂襯托出餐館的情調，吸引著大批年輕人前往。

■陳設與裝飾

速食店的陳設與裝飾趨於簡單，沒有繁瑣及過於精緻的裝飾品。整個賣場一目了然，產生烘托環境的作用，各類海報及廣告畫成了裝飾的主角。比利時某速食店採用木桶形的食品陳列台、條紋織物爲頂的售貨櫃台，從頂棚上垂下的花草，給人鄉村式的休閒溫馨感受。麥當勞、肯德基則在店內設置了兒童遊戲區，對兒童構成極大的吸引力。

二、寓樂於食的休閒娛樂餐館

（一）功能

休閒娛樂餐館針對顧客調整身心的休閒娛樂需求，賦予了餐飲企業新的功能，也為餐館帶來了豐厚的利潤。娛樂與餐飲相結合的形式自古有之，在我國可追溯到唐代，甚至更早；而在西方，休閒餐飲形式至少也有幾百年的歷史。一九五〇年美國一家餐飲企業將劇場搬進餐廳，形成餐飲劇場，開創了現代休閒娛樂餐館的先例。七〇年代加拿大出現了世界上第一家「運動休閒式餐廳」，將餐飲與運動休閒相結合。到八〇年代末九〇年代初，日本人發明了「卡拉OK」，更是將休閒娛樂與餐飲經營密切地結合起來。如今，在餐飲建築範疇內，休閒娛樂餐飲建築與豪華餐廳、速食店以及咖啡廳一起，形成了歐美餐飲建築的四大類型。在我國，隨著人們生活水準的日益提高，人們愈來愈注重精神上的需要，注重自我價值的實現。另外，社會、工作的壓力以及人與人之間競爭日益激烈、利益衝突日益增多，使人們需要暫時的逃避與放鬆，減輕各種不安因素的困擾。餐飲與娛樂休閒相結合，有效地減輕人們的壓力，餐飲與娛樂的結合使人們的享受變得更完美。

（二）經營的休閒娛樂形式

■各項休閒運動與遊戲

休閒運動愈來愈受到人們的青睞，將其與餐飲相結合，會收

到意想不到的效果。北京西單民航大樓內開設的「詹姆斯餐廳」（內地、香港、加拿大合營）就是運動休閒式餐廳，該餐廳除了餐飲項目外，增添了普通餐廳所沒有的運動與娛樂的內容。在餐廳的北側設有籃球場和舞廳，樓上設有撞球廳、飛鏢廳、卡拉OK廳，三百多個餐位散布其間。這裡既薈萃了西方各國著名美食，又是人們的休閒樂園。用餐時可以欣賞動聽的音樂，能看到其他客人翩翩起舞、打籃球、撞球及玩飛鏢。不論用餐前後，都能盡情娛樂。

而另一家設有休閒娛樂項目的餐廳則考慮得更為周全，美國丹佛市名為「靜一下」的餐廳設有兩個並排的門，門上分別掛有「兒童部」與「成人部」的金屬牌。凡帶兒童來用餐的顧客，先走進「兒童部」門內，裡面的裝修與擺設都根據兒童的特點，牆面為鮮黃色，一排一公尺高的架子上擺滿各種布娃娃、積木、飛機、坦克等玩具及卡通畫冊，還設有多台遊戲機與大螢幕電視。父母將孩子交給兒童部的保母後，便可離開，進入「成人部」，成人部是專為成人設計的餐廳。在與「兒童部」相連的牆面上，裝有大片玻璃窗，用的是鏡面玻璃，父母們在用餐時可以看到自己的孩子玩耍時的情景，而孩子卻看不到父母。

■歌舞表演

歌舞表演是休閒娛樂餐廳較為普遍的娛樂形式。歌舞表演會受到場地及人員等各方面條件的限制。歌舞表演所需的輔助設施較多，例如燈光、服飾及各種道具，對場地要求較高。餐館裡應配有一定面積的舞台，並要有一定的燈光技術以及供演員換裝、化妝及休息的場所。因為餐館畢竟不是歌舞廳，歌舞表演並不是每日都有安排。所以一些餐館將舞台設計成可升降式，當需要表演節目時，再將表演台升起。

雲南著名餐飲企業世博吉馨園推出的「吉馨宴舞」，以盛大宴席樂舞爲特色，筵席與歌舞水乳交融，中國幾千年的飲食文化與雲南兩千多年的歌舞文化，形成獨具民族特色的精神美餐。吉馨園按照現代劇場演出標準，舞台可同時容納兩百人一起進行演出，並配備了效果極佳的音響設備與燈光設備，裝飾頗爲豪華氣派。宴舞演出內容以傳統和民族歌舞爲主，在土風舞的基礎上，吸取雲南各民族古今歌舞民俗、服飾精華，時間跨度從西元元年開始「慶躍王滇」中經「南詔宮廷宴舞」，直到二十一世紀，融民族性、知識性、娛樂性、參與性爲一體。

■戲曲表演

我國的民族戲曲主要分爲說唱與相聲，這兩種形式都深受人們喜愛。民族戲曲節目大都雅俗共賞，且表演沒有太多的藝術限制，不受場地限制，也不需要炫目的舞台效果來烘托氣氛。只要憑演員富有變化的說、唱、手勢和身段及步伐，就可以表現複雜的場景和情調。所以，這種形式對餐飲經營者來說，投資成本較低，目標客層較廣，獲利機會較大。同時，由於民族戲曲貼近日常老百姓的生活，更眞實地反映了民眾的日常風俗，所以也深受外賓的歡迎。例如北京的老舍茶館就受到國內外賓客的歡迎。

■時裝表演

隨著人們生活水準和審美觀點的提高，時裝以其無窮的魅力愈來愈受到人們青睞。時裝表演帶來綜合性的美感享受，時裝模特兒借助身體和動作表達服裝的時代感及藝術氣息，觀賞者在欣賞時裝的同時，也體會到音樂的節奏美、體態的動作美、服裝的造型美、色彩美及質感美。很多飯店的時裝表演往往與歌舞表演串接進行，成爲穿插的節目形式。北京梅地亞中心的宴會大廳曾多次舉辦過時裝界名流的作品展覽表演，有力地推動了餐飲經

營。除了宴會廳外，還有一些酒吧也引進時裝表演，成為城市時尚的開路先鋒。

■樂器演奏

樂器演奏作為輔餐形式在餐館中也極為普遍，這種形式對場地的要求較為寬鬆，大小餐館都具備這種演出條件，顧客的接受面也最廣。樂器演奏分為西洋樂器演奏與民族樂器演奏兩種，一般視餐館的經營產品及裝飾風格不同而定。西洋樂器例如鋼琴、小提琴等樂器的演奏，能夠營造出一種幽雅而高貴的氣氛；而民族樂器在中式餐廳內演奏比較適宜，應用較多的是絲竹樂器。這些音樂節奏輕快，旋律優美，曲調迂迴婉轉，悅耳動聽，具有極高的藝術品味與民族特色。

(三) 設計要點

休閒娛樂餐館在設計賣場時要注意以下各點：

■目標顧客與餐飲產品相結合

休閒娛樂餐館的重心是餐館，基礎產品是菜餚食品。顧客若是只想欣賞演出，就會選擇歌舞廳或演出中心。所以，餐館要針對目標顧客提供相符的餐飲產品。

■目標顧客與娛樂形式相結合

目標顧客不同，所喜愛的娛樂形式也會不同。社會地位較高、文化修養較好的顧客，由於年齡偏長且消費水準較高，柔和優美的古典音樂及高雅的娛樂活動比較適合他們。而針對大眾的大眾化餐館，娛樂形式要凸顯出熱鬧的大眾化特點，例如準備一些具民族特色又顯老少皆宜的相聲表演，讓廣大顧客從中得到樂趣。

■硬體設施與娛樂形式相結合

不同的娛樂形式需要配合的硬體設施來支撐，如果餐館的硬體設施達不到娛樂活動的要求，無疑會大大影響娛樂的效果。例如大型的歌舞表演對場地的要求很高，特別是燈光設施及音響設備，還要注意舞台對於各餐廳座席的視覺效果。

■娛樂形式與經營風格、環境布置相結合

娛樂形式還應與餐館的經營風格、環境裝飾布置相結合。布置高雅、環境舒適優美的高級西餐廳適合西洋樂器演奏，而古色古香、民族風情濃郁的中餐廳則適合絲竹弦樂。如果在布置庸俗、裝飾平淡的餐館裡舉辦高雅的娛樂活動，無疑將得不到良好的效果，得不到顧客的認可。

第三節　宴會廳

宴會是指人們為了社交需要，用美酒佳餚宴請眾多賓客的一種形式。宴會是在普通用餐基礎上發展出來的高級用餐形式，也是國際交往中常見的活動之一。宴會廣義上包含了平時的宴會和招待會、餐會、雞尾酒會等。

一、宴會的種類

（一）按宴會提供的餐點分類

1.中餐宴會與西餐宴會：這是反映餐館或飯店層級、格局、實力、水準的一種宴會。可根據規模分為小型、中型及大型宴會，也可根據規格分爲普通、高級及豪華宴會。

2.餐會：分爲中式、西式、中西式結合幾種形式，既提供名菜佳餚，又提供各種酒水及其他食品。餐會具有方便、靈活、不拘泥等特點，深受中外賓客歡迎。

3.雞尾酒會：是一種以站立爲主的酒宴，向客人提供雞尾酒爲主，附帶一些小點心。一般安排在下午三四點鐘，作爲晚上舉行大型宴會的前奏活動。

（二）按宴會的主題分類

1.國宴：政府委託的國賓宴會，格局較高，對場地的要求比較嚴格，對宴會服務的要求很高。

2.壽宴：爲老年人祝壽而舉辦的宴會，一般爲普通宴會。

3.婚宴：爲慶祝新婚而舉辦的宴會，要求有適當的裝飾及司儀服務。

4.開張宴：公司企業爲慶祝開張而舉辦的宴會。

5.彌月宴：爲慶祝幼兒滿月舉辦的宴會，又稱爲添丁宴。

6.迎賓宴：又稱爲洗塵宴，是爲迎接遠方來賓或歸來的遊子而舉辦的宴會。

7.餞行宴：爲送別即將遠行的親人或朋友而舉行的宴席。

8.紀念宴：紀念某項事件或活動而舉辦的宴會。

9.商務宴：在中西宴會中，商務性宴會占有一定比重，國內外商務客人要求餐館或飯店爲他們提供增進友誼聯絡感情的宴請，和提供業務洽談、協議簽約、資料訊息交流的工作條件，因而商務性宴會的消費水準以中等偏上爲多。

10.節慶宴：爲慶祝節日而舉辦的宴會。例如傳統節慶、國定假日等等。

(三) 按宴會的服務提供方式分類

■餐桌服務式

宴會的餐桌服務比一般服務要更為周全細緻。服務程序為迎賓、斟酒、上菜、分菜、撤換餐具用具、席面服務、結帳、禮送賓客、收尾工作等。

■自助服務式

自助宴會主要是由賓客自取食品，但是現場同樣需要服務人員。自助宴會所需要的服務人員一般是宴請人數的三十分之一。二百人以上的宴會要配備專職主管，負責整個宴會的協調和組織工作。自助宴會的服務分工有：

1.吧台服務員：負責為賓客調配或斟倒酒水飲料，並做好吧台的整理和空瓶的清點工作。
2.菜餚、點心、水果台服務員：負責向客人介紹食物的名稱、特點，並幫助客人取用，做好餐台的清理工作，及時補充食品。
3.巡視員：負責迎送賓客，為賓客斟酒、收掉用過的餐具，整理餐台，補充餐具及物品等工作。
4.菜點製作員：例如廚師在現場的製作台進行現場烹飪，增添宴會氣氛。

二、各式宴會的布置與裝飾

(一) 中式宴會

中式宴會根據中國人的用餐習慣，一般採用圓桌。兩桌以上的宴會應明顯地突出主桌位置，在主桌中又要突出主客與主人的位置。

■各式桌形布局

・一席設計

正主位一般面對廳門，副主位對著正主位。正主位前應有一定的空間，操作台應設在正主位的斜前方。

・二席設計

二席設計可以是平衡形或對稱形。

・多桌宴會設計

多桌宴會的桌形設計可以有很多種方式，如品字形、菱形、四方形、梅花形等。

■宴會設計注意事項

・強調主桌

中餐宴會的排列十分強調主桌位置。主桌應放在面向餐廳主門，能夠縱觀全廳的位置。突出主桌的方法很多，可以將主桌置於主席台下，使主客和主人面向眾席；無主席台時，可以將主桌置於主牆之下，面向眾席；也可將主桌置於眾席之中，讓眾席圍繞主桌。主桌可比一般餐桌大，主客入席與退席的通道應比其他通道更為寬敞突出，闢為主行道。

・注重對主桌的裝飾

中餐宴會不僅強調主桌的位置，也注重主桌的裝飾。主桌的台布、桌裙、餐椅、餐具、盆景插花、餐巾摺花等，都要與其他餐桌有所區別。

・桌形排列

宴會桌的桌形排列要根據宴會廳的形狀大小及赴宴人數的多少來安排。無論是採取菱形、方形還是梅花形的桌形，在整個宴會餐桌的布局上，都要求整齊劃一，做到桌布一條線、桌腿一條線、花瓶一條線。

・其他設施及裝飾要點

中式宴會一般在具有中國傳統建築風格的宴會廳中舉行，頂棚上懸掛的大紅燈籠，牆上琉璃瓦的披檐，中國式的亭子，隔斷上的菱花窗，牆上陳設的木雕及刺繡工藝品等，都是典型的中國傳統風格的表現。宴會廳的整體設計要新穎、美觀大方，對陳設藝術的要求很高。爲了表現宏偉壯麗的空間氣氛，常常借助廳內的照明藝術（見圖7-3）。

例如某宴會廳採用大量大型晶瑩華貴的水晶吊燈，配合吸頂燈，使燈光明亮而柔和。燈具可以調節光度，根據需要控制整個大廳的空間氣氛。大廳以紅色爲基調，紅色的織花地毯與紅色的椅墊靠背，綴以綠色的盆栽鐵樹，使整個大廳被一種熱鬧、喜慶的空間氣氛和輝煌、華貴的美感所籠罩。

宴會廳的主牆面是整個大廳空間的構圖中心，透過大幅壁畫的重點裝飾，烘托出宴會廳特有的隆重氣氛及藝術氣息。例如上海賓館宴會廳「嘉會堂」大幅壁畫《華堂春暖》，吸取漢代畫像磚的古樸風格，金底黑畫，閃閃發光，十分雍容華貴，壁畫正中描繪著唐代官員會見外國使節，形象取材於唐章懷太子李賢道墓室的壁畫禮賓圖，展示了我國自古以來就是友誼之邦的歷史傳

圖7-3　中式宴會廳

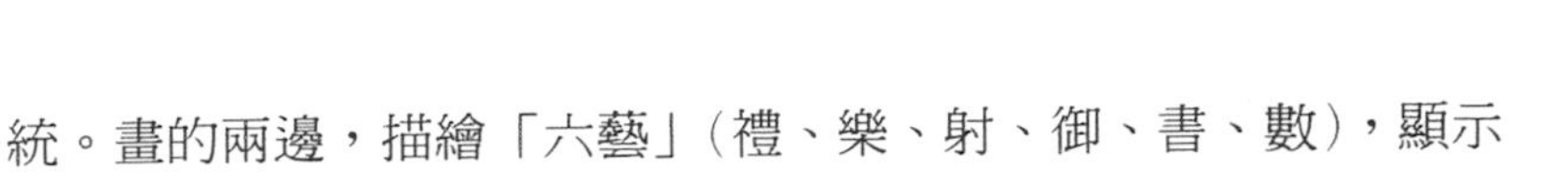

統。畫的兩邊，描繪「六藝」（禮、樂、射、御、書、數），顯示了中華古國文化。七百二十平方公尺的大平頂飾以商周青銅器上的鳳鳥走獸紋樣，呈現了博大、深沈、凝鍊、莊重的華夏民族氣質，給人富麗高貴、氣魄宏大之感。

各種宴會由於主題不同，其裝飾的突出重點也隨之變化。例如壽宴採用「松柏長青」、「松鶴延年」、「壽字圖」等裝飾，桌面的花飾可採用萬年青、天竺，代表長壽和喜悅；婚宴運用「鴛鴦戲水」、「龍鳳呈祥」、「雙喜圖」等裝飾；商業宴請、開張宴請及餞行宴請都可採用帆船的裝飾，以示一帆風順。

此外，還要根據宴會廳的大小形狀及主人的要求，設立主客發言台，麥克風等音響設備要事先安裝配置，綠化布置要求做到美觀高雅。此外，吧台、操作台、禮品台、貴賓休息台等設施應視宴會廳的實際情況靈活安排。

（二）西式宴會

西式宴會的格局與中式宴會不同，這與中西文化的差異有關。中國自古有南面為尊的習俗，中國建築多為坐北朝南，面陽光而背北風。而且中國建築多以直線和弧線摻合，形勢平緩。而西方美學風格比中國更為剛性，西方建築多用直線、幾何圖形構成高聳之勢。所以，西式宴會的餐桌一般以小方桌拼接而成，外形剛勁利落，有一字形、T字形、工字形、ㄇ字形等，與中式宴會相似的是同樣十分重視主桌的安排。

■桌形設計

西式宴會根據來賓情況，分別採取不同的桌形設計，例如U形布局、長方形布局、口形布局、圓弧形布局、半月式布局等。

■桌面布置

西式宴會的桌面布置一般在桌面中線鋪以裝飾性的長條織錦或其他絲織品，織品上除了擺放調味架、煙灰缸、蠟燭台等用品，還很有規律地放置瓶花或花籃。一般長桌與方桌以擺插半橄欖形、圓桌擺插半球形的鮮花爲宜。如果不採用長條的織錦物，則直接在餐桌中線鋪花，形成的圖案應是二方連續的格式，並注意花草間隔的規律性和圖案效果（見圖7-4）。

（三）餐會及雞尾酒會

雞尾酒會的食品比較簡單，以雞尾酒爲主，各式小吃與三明治爲輔，一般不設餐桌，客人邊飲酒邊交談，酒菜由服務人員托送。而餐會的菜餚食物較爲豐富，有冷盤、沙拉、點心等，有時還有熟食。餐台擺放自由靈活，有長條餐台，也可由其他形式的餐台根據面積及餐廳的形狀合理設置。有的餐會也根據客人需要在廳內擺放一些小餐桌，供客人就座，形式比較自由。一些重要賓客參加的餐會還設有主賓席，其桌形與正規宴會相似。

餐會與雞尾酒會的主要裝飾有桌布、桌裙、鮮花盆飾及餐點藝術造型等。桌布上面可以裝飾圖案、文字及其他趣味性的內容以渲染氣氛；各式桌裙、桌巾也具有很強的裝飾效果；餐台中央一般設有主要裝飾物，例如大型花籃、吉祥動物及著名雕塑造型或巨型蛋糕。主裝飾的周圍分別有小花籃或瓜果雕刻作爲陪襯，使整個餐桌氣氛更爲熱烈、多姿。

（四）自助宴會

自助宴會的設計與布置應根據不同的宴會主題、不同的舉辦單位、不同的規模來考慮，力求創造熱烈華貴的氣氛。

圖7-4　西式宴會桌面設計

■中心裝飾台

中心裝飾台作爲自助餐會裝飾布置的中心，處於宴會場所中心位置或醒目位置，也相當於坐餐宴會的主桌。中心裝飾台的形狀、大小、高低不一，可以根據需要改變。餐台上可以透過布置一些雕塑、花草、盆景、食物或其他物品，點明主題、表達寓意，既給人美的享受，也達到烘托氣氛的目的。

■餐台

自助宴會餐台的排列布置及台上的擺設也十分重要。需要設置的餐台有菜餚台、點心水果台、酒水飲料台、進餐台、簽名台、禮品台等。餐台要鋪台布或落地台裙。其中食品台可由若干小餐台拼合而成，有圓形、S形、弧形、條形、T形、多邊形等。食品台的大小和數量根據進餐的人數及提供食品的數量及種類而定，一般每位客人取用食物時約需30公分的寬度。酒水台按50～80人設一個。簽名台、禮品台根據需要設定，通常布置在宴會廳進門後的兩側。餐台排列應以菜餚台和中心裝飾台爲主體，其他的餐台則靠邊或穿插擺放。常用的排列形式有：一側式、中心對稱式、軸對稱式、中心式、環繞式、排列式、綜合式等。

■餐點食物擺放

自助宴會的餐點按不同菜色分放於大圓盤或方盤中，以供20～40人食用的餐點數量爲一組，擺放在食品台上。餐點擺放應美觀、疏密適度、便於取用。葷素、色彩、口味應適當搭配，熱菜應有保溫措施。菜盤邊應間隔擺放公用刀叉或湯匙、筷子、湯碗、碟子以便顧客取用。點心水果應另設一台，並適當加以造型和裝飾。

第四節　咖啡廳、茶館與酒吧

咖啡廳、茶館與酒吧是人們社交、會友、談生意及消磨時光的場所，由於規模較小，經營手段較大餐館更爲靈活多變，個性與特色就更爲突出。

一、咖啡廳

咖啡廳一般是在正餐之外，以提供咖啡爲主，供客人稍事休息的營業場所。但也供應其他飲料，有的還供應簡單食品與茶點。咖啡廳是半公開性的活動場所，講究輕鬆的氣氛、潔淨的環境，適合與少數幾個朋友休閒小聚、親切談話的場所。咖啡廳在國外的形式多種多樣，用途也參差不一。法國的咖啡廳主要設在人流量大的街道上，店面上方架出遮陽篷，店外放置輕巧的桌椅。邊品嘗咖啡、紅茶，邊眺望過往的行人，或讀書看報、等候友人，一派輕鬆悠閒的氣氛。在義大利，人們在酒吧喝咖啡。而在日本，雖然門面上都寫著咖啡廳，但經營的內容彼此差別很大。

(一) 平面布局

咖啡廳的平面布局比較簡明，內部空間以通透爲主，廳內有很好的交通動線。座位有車廂座、小方桌、小圓桌等座位形式，座位布置比較靈活，有的以各種高矮的輕隔斷對空間進行二次劃分，對地面和頂棚加以高低變化，在賣場內形成分散的小空間。咖啡廳的桌椅設計多爲精緻輕巧型，以便造成親切交談的氣氛。

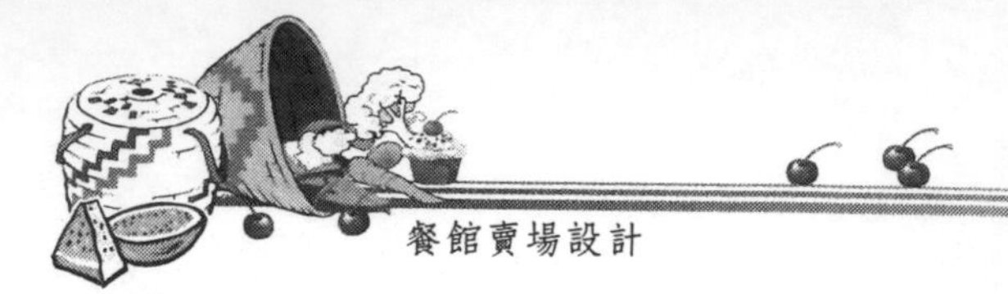

一級咖啡廳的裝修標準較高，要求廳內環境優雅，桌椅布置舒適、寬敞。一級咖啡廳的使用面積最低為每座1.3平方公尺，若設有音樂茶座或其他功能時，使用面積可相對加大到每座1.5～1.7平方公尺。二級咖啡廳的使用面積應不少於每座1.2平方公尺。

（二）陳設與裝飾

咖啡廳的立面多設計為大玻璃窗，透明度大，使過往行人可以清楚看到裡面，出入口也設置得明顯而方便。某咖啡廳利用拱形天窗，不僅引入自然光，而且拱形天窗加工精良的金屬框、光潔的玻璃與大片毛石牆形成鮮明對比，襯托出毛石牆的天然氣息，再配上大量的綠化裝飾，使咖啡廳與室外的自然環境交融在一起。

咖啡廳的整體布置上要求活潑、甜美，室內陳設應給人輕鬆、優美的感覺。咖啡廳使用最普遍的色彩是金黃色、粉紅色、奶油色、咖啡色及白色，這種色彩的西式風味濃烈。

很多咖啡廳透過潔淨的裝修、淡雅的色彩、在門口或室內展示各類裝飾物，例如紙傘、帆船、造型可愛的動物等，及在咖啡廳內外注重綠化飾品的妝點，來增加店內的輕鬆、舒適感。例如日本「花卉二三五」咖啡店是「池坊流」藝術插花總社開設的會員制咖啡店。其動線流暢的空間和層次豐富的庭院，使咖啡廳的氣氛與其設計宗旨相吻合。歐陸風情咖啡館顯現的則是典雅而不失親切的歐洲氣質：濃郁的咖啡香味、藍色火苗上咕咕作響的蒸氣聲，橘黃色燈光下壁櫥裡來自歐洲各國跳蚤市場或精緻或古樸的小擺設，音箱裡流瀉出似有若無的輕柔音樂……。

近年來，國內外的一些咖啡廳與都市的現代化生活和休閒氣氛結合起來，出現了不同主題與其他形態並行經營的咖啡廳，例如影視主題咖啡廳、電腦網路主題咖啡廳等。巴黎龐貝度文化中心的的網路咖啡屋，由倫敦建築設計師Bernhard Blauel設計，面積爲120平方公尺，有十八台電腦，高峰時每天接待1,200人。美國的一家網路咖啡廳將咖啡廳與軟體銷售結合，建立一種「食品銷售＋上網＋軟體銷售」的綜合行銷理念，牆上陳列著各種最新軟體，使客人在喝咖啡上網之餘，還能了解最新軟體訊息和購置軟體。一家咖啡店在入口一側設有鮮花展售部，既能美化環境，又能相互促進銷售。更有一家地中海風格的咖啡廳在入口處販賣碗碟、醬菜等雜品，爲小店增添了另一種生活情趣。

二、茶館

茶是全世界廣泛引用的飲料，中國是茶的發源地，栽培茶樹已有四千七百多年的歷史。茶的品種繁多，又具有保健功效，各類茶館也成爲人們休閒會友的好去處。茶館的裝飾布置以突出古樸的格調、清遠寧靜的氣氛爲主，鑒於中國與日本源遠流長的茶文化，目前茶館以中式與和式風格的裝飾布置爲多。

(一) 中式風味茶館

中式風味茶館有具有部分中式特點與典型的中式特點兩種。部分中式特點以中國畫、中國民間工藝、中國傳統花紋和造型的家具、擺設來布置室內；典型的中式特點是從室內裝修到陳設都嚴格地按照中國傳統設置。中式風味茶館的賣場環境一般透過木結構的梁架和隔斷、中式門窗形式、典型的中國傳統家具和燈具，及具有強烈民族色彩的藝術品來呈現。

杭州由於龍井茶的聞名及西湖秀水的氣氛，各類茶館呈現欣欣向榮的局面。太極茶道採用了中國江南園林小橋流水的意境，

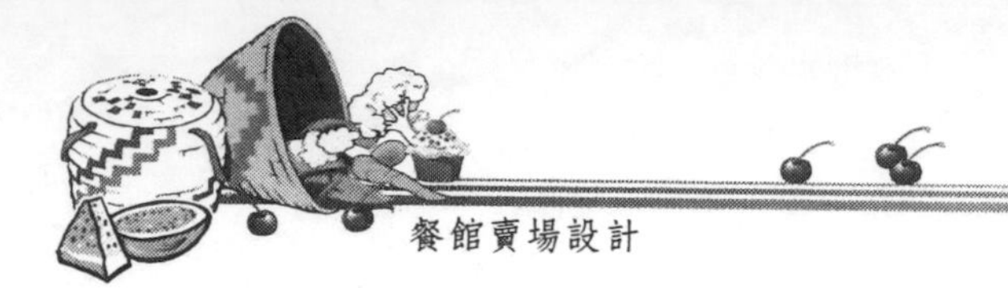

在茶館裡闢有流水，各種消閒果、茶點從流水的上游緩緩而下，由顧客自取而食。在享用香茗美食的同時，更增添了休閒的樂趣，顧客飲茶兼用餐，以茶館為家，其樂陶陶。中秋夜青藤茶館在入口處掛了一副應時而作的對聯：賞中秋明月月圓人和，臨青藤茶館館雅茶香。茶廳內還懸掛者二百多條燈謎，一些茶客邊喝茶邊猜謎，由員工裝扮而成的嫦娥隨著江南絲竹翩翩起舞，向茶客們發放月餅。食為先茶樓內以中華茶文化為主題進行布局，古樸雅致，頗顯大氣——朱漆木雕窗欄、廊柱門檻，點綴著清麗典雅的茶聯；從十二公尺高處龍嘴中噴出然後沿牆而下的水幕；牆上張掛著名人字畫，室內紅木八仙桌、太師椅，高級紫砂茶具，各地名茶，沿襲了江南茶樓的精粹。而椿樹茶樓的裝飾與布局也有獨到之處——小橋流水、輕盈燈光，用泡桐桿製成的古色屏簾以及眞竹竿和假竹葉相映成趣，室內一片蔥蔥綠色。

（二）和式風味茶館

日本人對於茶道的愛好及研究眾所周知，和式茶館呈現了日本文化，別具風格。木框糊紙的拉門、窗扇及榻榻米是和式茶館的首要特徵。榻榻米用稻草編織而成，包邊材料有絹、麻織品和木棉，給人樸素及寬敞的自由感。室內的頂燈一般為木結構的圓形、四方形、六角和八角形狀，在上面糊以淡色的紙絹等半透明材料或配以磨砂玻璃。懸燈大都為竹編紙糊，顏色以白、黃為多，形狀略長。作為門面廣告的懸燈，燈上還有書法。花道與茶道一樣，在日本人的生活中也占有重要地位，因此，和式茶館中，插花也是必不可少的點綴。

近來杭州的茶館人氣極旺，無論是悠閒的市民，還是匆匆的遊人，都喜歡在茶館中覓一休閒場所。茶樓的生意日漸興旺，大規模的茶樓相繼出現，而一些酒店也都在經營酒店的同時，紛紛

「插足」茶樓的經營。茶樓的規模接近酒樓，但在裝修風格上，茶樓更注重「休閒化」：琉瓦飛檐、小橋流水、青枝綠葉、藤桌竹椅——園林化的環境營造出宜人的休閒氣氛，雖身處喧鬧的市井，卻有在靜區或野外般的心曠神怡。

三、酒吧

酒吧是英文“bar”的音譯詞，“bar”的原意爲「棒」或「橫木」，這十分清楚地表明了其特徵——以高櫃台爲中心的酒館。酒吧有開設在飯店內的酒吧與獨立經營的酒吧，其種類很多，例如雞尾酒吧、休閒酒吧等。近年來，爲了吸引不同的消費客群，突出特色，酒吧已從原來單純的飲酒功能拓展開來，出現了各類主題酒吧，如網吧、陶吧、書吧、冰淇淋吧、汽車吧、球迷吧等。不同類型與主題的酒吧，風格也隨之千變萬化。

(一) 酒吧的類型

■按提供產品分

1.雞尾酒吧。
2.冰淇淋吧。
3.茶吧。
4.啤酒吧。
5.自製自釀類酒吧。

■按位置分

1.空中酒吧。
2.地窖酒吧。

3.飯店的大廳吧。

■按主題分

1.網吧。
2.書吧。
3.陶吧。
4.汽車吧。
5.球迷吧。
6.商務吧。
7.遊戲吧。
8.旅遊吧。
9.棋吧。
10.鋼琴吧。
11.搖滾吧。
12.迪吧。
13.卡拉OK吧。
14.收藏吧。
15.女士吧。

(二)酒吧的布置與陳設

酒吧的面積一般不是很大,空間設計要求緊湊,吊頂較低。

■吧台

吧台是酒吧的中心,在空間中占有顯要位置,其造型應與酒吧的環境氣氛相協調。吧台的造型有直線形、曲線形、環形、L形、O形、U形及V形等等。北京麗都飯店的酒吧,以流線形的造型表現出現代風格。小型酒吧的吧台應設置在入口的附近,便於顧客進門時可以看到吧台。吧台可以分爲前吧台、後吧台與下吧台三個部分。

・前吧台

前吧台是供應顧客酒水飲料的地方，寬約41～46公分，上貼有防水表面的木板、大理石或塑膠板。有些吧台在前緣還有15～20公分的扶手。前吧台後方稱爲凹槽，分爲杯槽、滴水槽、溢水槽等，是調酒師調酒的地方。

・後吧台

除了前吧台外，後吧台的設計也十分重要。後吧台是吧台後方靠牆的區域，主要功能爲裝飾與儲存。由於後吧是顧客視線的集中之處，也是店內裝飾的精華所在，後吧櫃台通常結合展示功能，成爲酒吧中裝飾裝修的重點。後吧的上方不做實用上的安排，常用來展示名貴、高級的酒及酒具，配上投射燈，凸顯玻璃器皿晶瑩剔透之感。陳列著的各類酒瓶本身便具有裝飾性，加以不同的排列產生美感。

・下吧台

下吧台是整個飲料供應系統的心臟，在設計時須加倍細心。下吧台的中心點是飲料站（pouring station），汽水和果汁的自動配加系統。這個系統有管子自儲存箱直接導引，經過冰槽底部的冷卻板，再到按鈕式的噴嘴。儲存酒水與物品也是下吧台的重要功能，除此之外，製冰機常裝置於下吧台，靠近水槽的位置，使製冰機能在需要的時候自動補充冰塊（見圖7-5）。

■吧台座及酒吧桌椅

吧台座的形狀很多，但是大都是高腳椅，一般固定於吧台的周圍，多爲排列式。顧客坐在吧台席上，既可以看到調酒師的操作表演，也可與調酒師或兩旁的客人聊天對話，適合於單一客人

圖7-5　吧台布置

或兩個人並肩而坐。吧台的桌面高1～1.1公尺，吧台座的凳面比桌面低25～35公分，踏腳又比凳面低45公分。

酒吧內的其他桌椅形式有車廂座式、小方桌、小圓桌、長條桌式及由組合沙發構成的自由散座式等，以2～4人爲主。還有一些休閒吧將椅子設計成秋千式，長長的麥稈色粗麻繩上纏繞著綠葉，地上鋪著金黃色的細沙，顧客們坐在盪盪悠悠的秋千上喝著各式飲料，度過下午的好時光。

■情調裝飾

酒吧是個幽靜的去處，適合上班族下班後的飲酒消遣，也適合私密性較強的會友及商務會談。酒吧入口的設計也非常重要，是營造氣氛、醞釀顧客情緒的重要手段。某酒吧在入口處的牆面上繪製了色彩鮮艷、內容抽象的大幅壁畫，它有力地抓住了人們的視線，使顧客在進入的過程中產生激動的情緒和強烈的期待感。一般顧客到酒吧來都不願意選擇離入口太近的座位，透過設計轉折的門廳或較長的通道，可以使顧客在心理上有一個緩衝地帶，淡化座位優劣之分。

酒吧追求輕鬆、具有個性及隱秘的氣氛，設計上常刻意創造某種意境或強調某種主題。輕鬆浪漫的音樂、濃郁深沈的色調、幽暗的燈光，使整個環境神秘而朦朧。某酒吧在燈光設計上採用暖色光，照度選得較低，以突出朦朧感和親切氣氛，除頂部採用大型裝飾燈外，還沿牆壁一定間距設置筒燈，形成光的節奏感。

不同類型的酒吧有不同的風格情調，例如南京金陵飯店的空中酒吧由於自然採光好，配以大理石、金屬管及各類玻璃造型，展示給人的是一種現代氣派；而底層地窖式酒吧則追求安靜典雅的氣氛，運用古典風格的燈具、燭光作爲主要照明，用深色的木條嵌邊，形成古老溫馨的鄉村情調。

（三）各類酒吧示例

■北京秀水酒吧街

北京秀水酒吧街是一條餐飲特色街，以其豐富多采的活動吸引了眾多中外賓客。酒吧街的設計思路來自義大利威尼斯聖馬可廣場的酒吧街，高大的威尼斯拱門、貫通的長廊及一塊塊修剪整齊的草坪，襯托著十五間風格各異的酒吧與西餐廳。每間酒吧的布置又有其獨特絕妙之處。例如以經營正宗義大利餐的都市風情西餐廳，其吧台上方設計成兩組紅綠顏色的琉璃瓦挑檐，上面還掛著五六只色彩繽紛的風箏，頗具民族風格；餐廳主牆上三幅絢麗明快的壁畫卻散發著現代浪漫氣息。服務小姐身穿中式旗袍，服務生則是一身黑衣白衫、黑領結的西式裝扮。餐廳的各個角落都呈現出中西文化的自然結合。西部陽光吧的牆上掛滿了牛頭骨、盾牌、眞皮馬鞍、舊式線膛槍、馬燈等飾物，盡顯百年前美國西部牛仔的粗獷與豪放。無不顯現出經營者關於民族、文化、友誼、文明的經營理念。

■太陽花酒吧

太陽花酒吧的風格從名稱上可見一斑，SUNFLOWER是一個國際知名的香水品牌，以懷舊復古與新潮前衛的完美結合著稱。太陽酒吧古舊的木牆柱，檸檬黃和橡皮紅的彩色牆面，吊傘形的吧台頂和鐵藝，點綴其間的綠色植物在溫暖的燈光裡營造出濃濃的懷舊氣氛和熱帶風情；而大書櫥裡的豐厚藏書和CD唱片，藍色香水屋裡簡潔的黑白畫，錄影帶裡正在播放的二千年秋冬的巴黎時裝發表會，還有玻璃櫥裡陳列的各類精美的老式熨斗，無不帶有清新的文化和時尚訊息。

■心動酒吧

心動酒吧屬於體育休閒吧，分為上下兩層。地面一層設有大型的橄欖球形中心吧台，四周圍有吧座。酒吧的另一區域則散放著一些圓桌、方桌及長條桌，配有小吧台；而地下層的主吧台規模較小，與一字排開的撞球桌相對，中間設有低矮的綠化隔離帶。喜歡清靜的顧客留在上層，而愛好撞球的顧客則可以在地下一層與好友對壘，會友與運動兩不誤。

■藍橋酒吧

藍橋酒吧有著西式的古典黑鐵壁燈和灰色的細磚牆面，在外表上就先給人一種典雅的感覺。酒吧內七十多平方公尺的空間被不露痕跡地分隔成吧台、散座區和小包廂幾個區域，白色牆面上是直接手繪的帶有米羅式抽象風格的線條和圖案。

■左輪酒吧

左輪酒吧是一家帶有濃烈的平民化風格的搖滾酒吧，酒吧門面用彩色油漆隨意塗鴉作為裝飾，招牌上寫著「將音樂和啤酒進行到底」。酒吧內鮮艷的大色塊壁畫所渲染出的嬉痞搖滾氣氛與現場樂隊的演出相得益彰。侷促的空間與震耳欲聾的搖滾樂以及啤酒煙草的味道，製造出奪人的現場感和互動效果。

■灌籃酒吧

灌籃酒吧是籃球與球迷的世界，酒吧內刻意營造的是陽剛的運動氣息——黃色的湖人隊、橘色的太陽隊、紅色的七六人隊，隨處可見一個個附著卡通櫻木花道的小籃框，還有各種各樣的籃球雜誌與籃球節目（包括直播和錄影），構成了一個激情的灌籃主題。

■旅行者酒吧

旅行者酒吧有著正宗的西部酒吧風味，酒吧採用粗線條的原木構架，裝有鐵製的懸吊式蠟燭大吊燈。吧台內層層疊疊的是各式威士忌，架子上錯落擺放的野外探險用具和富有異域風情的旅遊紀念品。

■卡門酒吧

卡門酒吧的門面別具一格，從門口的原木柵欄式招牌旁推開巴洛克風格的鐵門，穿過兩棵高大杉樹，散布著白色桌椅的院落，便可看到裝飾獨特的大門和花體的卡門酒廊字樣。酒吧有著恬靜幽雅的氣氛，同時又能感受到充滿浪漫氣息的歐美風情。

■「伊豆高原」啤酒屋

日本的「伊豆高原」啤酒屋將營業廳與啤酒製作間用透明玻璃窗隔開，顧客可以透過玻璃窗，觀看到啤酒製作的全過程，製作間成爲啤酒屋中的一景。

第八章

餐館美食節賣場設計

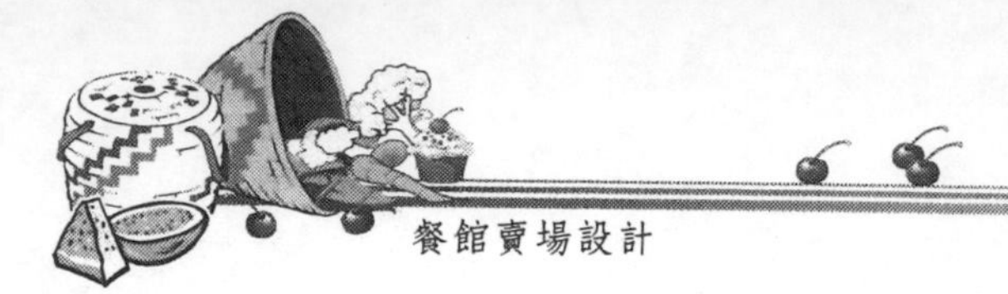

美食節是餐館爲推出新產品、展示形象及當季促銷的重要活動，一般在春季、秋季或者在某類食品時鮮季節進行。餐館賣場除了固定的裝飾外，在舉辦美食節時，還可透過各種靈活可變的裝飾布置，以創造特殊的節日氣氛，促進銷售。美食節的賣場裝飾布置包括整個餐館建築外部的廣告、横幅、燈飾、立體裝飾以及餐館內部的花壇、場景布置、展示台、點綴物等。

第一節　美食節的特點與種類

特色與常新是餐飲企業在競爭中取勝的法寶，但是餐飲產品的無形性特點使新產品的專利申請非常困難。往往剛剛推出一個被大眾看好的新產品，馬上就花開百家，失去了競爭優勢。所以只有堅持新、奇、特，不斷推出新產品、新創舉，才能使企業永保旺盛的生命力。不斷開發系列新產品，舉辦美食節、美食周活動，是有效的方法和手段。

一、舉辦美食節的意義

舉辦美食節應根據餐館特點，選擇有利時機，並且進行精心策劃和準備。

（一）擴大影響、傳達產品訊息

舉辦美食節，必然在餐館的招牌上、門廳的横幅及餐廳內，做一些醒目的宣傳，介紹餐廳的活動內容和特色餐點。透過這些宣傳，能夠向社會各團體組織、家庭、個人傳達企業餐飲產品訊息，擴大企業在社會公眾中的知名度。同時，舉辦美食節也有利於中外顧客對我國餐飲市場的進一步了解，欣賞到具有中國特色的飲食文化情趣。美食節的成功舉辦，不僅帶動餐館的消費熱潮，而且還可能成爲整個城市的餐飲焦點。每年的金秋時節，「廣州國際美食節」將美食節與旅遊藝術節、廣東歡樂節結合起來，營造歡樂祥和的喜慶氣氛，更使廣州美食節的影響廣泛而深遠，吸引了中外遊客和廣大市民，帶動了經濟的發展。

(二) 提高產品品質水準，樹立企業形象

舉辦美食節對餐飲企業本身也是一種挑戰，同時也是企業整體水準的呈現。美食節要求餐館員工提供比平時更爲出色的服務，周期性的練習能促進員工技術水準的提高，也利於提高餐飲產品的品質水準。與其他方式相比，透過美食節對餐飲企業的企業文化、企業精神的樹立具有直接性、具體性等優點。舉辦美食節是餐飲企業向社會展示其高超的烹飪技術和風味特色的好機會。例如某大型餐館定期舉辦中餐、西餐、日本料理、韓國料理等多種多樣的美食節活動，總經理親自參與、協調，使廣大賓客經常能品嘗到耳目一新、美味可口的新菜，而全店上下又形成一種團結向上、勤於創新的氣氛，在公眾心目中樹立了良好的企業形象。

(三) 吸引顧客，刺激消費慾望

舉辦不同風味的美食節，首先是爲了招攬更多的顧客，產生更好的效益。各種風味食品、各種主題的美食節順應了顧客強烈的求新、獵奇的心理特點，使顧客獲得精神上的滿足，引起人們對生活的美好聯想及感情上的共鳴。美食節活動在保持餐館特色的情況下，開發了新產品，增加了新風味，迎合了消費者求新、求變的心理。所以舉辦美食節能夠吸引廣大顧客，充分挑動賓客

的購買慾望及消費積極性。

（四）擴大市場比率，增強競爭力

人們的消費觀念不是一成不變的，而是隨著經濟的發展、生活水準的提高在不斷變化著。美食節活動在我國是在一九八〇年代以後逐步發展起來的，它是餐飲市場競爭的必然結果。傳統單一的用餐方式，已經不能滿足顧客的消費需求，美食節的舉辦能夠隨著消費者消費需求的變化不斷推陳出新。而且，美食節的促銷如果配合廣告宣傳促銷手段，能夠產生更大的積極作用。所以餐館舉辦美食節既能夠留住餐館的老顧客，又能吸引從未上門的新顧客，有利於擴大市場比率，鞏固市場地位，增強競爭力。

（五）加速原料與資金周轉，增強活力

餐館經營有淡旺之分，在旺季要把握好契機，創造特色吸引客源；而在淡季，也要採取主動，舉辦成功的、針對顧客需求的美食節。成功的美食節往往能刺激消費，形成消費熱潮，在餐飲消費的淡季能夠幫助扭轉乾坤，使淡季不淡、低谷不低。進而，加速庫存食品原料與資金的周轉，使企業走出低谷，增強企業活力。並且，原料與資金的加速周轉也有利於餐館的成本管理，增加企業的獲利率。

二、美食節的特點

（一）舉辦的時限性與周期性

美食節活動是餐館日常經營以外的特殊經營活動，舉辦時間有一定的限制，較長的美食節一般爲一個月左右，大多數爲半個

月、十天或一星期。所以美食節的特點是短而精，在策劃組織上認眞而周密，在經營活動上手段靈活多樣，要確保活動的豐富多彩及成功率。與時限性緊密相聯繫的是活動的周期性，對於美食節的時間與周期，一家飯店或是餐館都應有詳細的美食節舉辦計劃。大飯店也許每個月就要舉辦一次美食周活動，而餐館在一年之內也會舉辦幾次美食節宣傳推銷月。周期性的美食節促銷活動夾雜在旺季與淡季之中，使餐館的經營高潮迭起。

（二）內容的多樣性

對於一年中舉辦數次的美食節活動，其內容是不盡相同的。古今中外源遠流長、多彩多姿的飲食文化是美食節取之不竭的寶庫。美食節可以突出某種食品原料的特色，也可以推出某種外來食品。美食節的菜單是根據活動的計畫、內容、方式，針對顧客群專門設計的，沒有餐館固定菜單上的常年菜與季節菜之分。它必須既令人耳目一新，又要突出名特優產品，並且還要與美食節的具體內容與形式結合起來。

（三）形式的靈活性

美食節可以採取靈活多樣的經營方式，例如與異地餐館廚藝交流美食月、韓國燒烤美食周、金秋美食節等。活動內容、活動方式、時間周期安排、餐點菜色以及飲食文化風格要根據客觀市場環境與競爭需要來決定，而活動的地點可以涵蓋整個餐館；也可以是其中的一個大廳，或是飯店內的一個餐廳或酒吧；至於美食節賣場的環境布置及組織管理方法，則要根據以上的具體情況而定。

（四）效益的雙重性

餐館在舉辦美食節活動前，都在事先做好可行性分析，預測客源接待數量及銷售收入。並且爲了廣泛地招攬顧客，擴大產品銷售面，往往利用報紙、廣播、電視等傳媒做好廣告宣傳。同時，舉辦美食節活動本身就是對企業整體水準的檢驗，如果在顧客中形成好的口碑，讓顧客自願充當企業的宣傳員，那無疑是最有效最直接的廣告。所以，舉辦美食節活動不僅能給餐飲企業帶來良好的經濟效益，更能擴大影響，在社會上、行業中、賓客心目中都能產生好的效果。

（五）活動的主題性及特殊性

美食節活動是爲了帶動產品銷售、創立企業口碑、弘揚飲食文化、開展市場競爭而舉辦的。活動必須帶有針對性與特殊性，如果沒有特色，就無法顧客構成吸引力，不能成爲美食節。美食節必定是對餐館日常經營的餐飲產品特色的深入或補充，帶有明確的主題性。對於經營大眾化產品的餐館而言，舉辦一些主題分明、具有特色的美食節是對大眾化產品極好的補充。

三、美食節的種類

美食節的種類非常豐富，以下從不同的角度給予分類。

（一）以某一食品原料爲特色

食品原料的範圍非常廣泛，以某種食品原料爲特色的美食節，主要是集中呈現該原料的風格特色。例如：

■野味菜餚美食節

人們嘗慣了精工細雕的細糧，不禁嚮往兒時的粗食野味。所以，以各種鄉村山野裡土生土長的野菜、粗糧，或者是平時難得一見的各種野味爲主的美味野食，頗得人們喜愛。例如在北京、上海、天津、廣州等城市的各大餐館紛紛推出「野味宴」、「野味菜」、「五穀雜糧」等美食節，用燒、炒、蒸、燉、煨、煲、鐵板燒等方法，烹製出各種異禽野味菜餚，野味飄香，吸引無數食客。

■全魚宴美食節

魚米之鄉的水產資源非常豐富，整個宴席的菜餚都是將不同品種的魚加以不同的烹調方法精心燒製而成，自然吸引無數食客前往一品爲快。例如湖北鄂菜美名譽滿天下，以團頭魴、鱖、鯽、青魚、鱔、烏鱧、春魚、甲魚等十大名貴淡水魚作爲烹飪原料，擁有數百種風味魚菜，幾十種風味魚席，成爲華夏食苑中一朵瑰麗的奇葩。

■豆腐美食節

豆腐是具有高營養價值的植物蛋白，由豆腐引伸而來的豆製品原料也非常豐富，例如豆腐皮、腐竹、素雞、烤麩、豆花、豆漿等等，用各種烹飪方法烹製而出的豆腐類菜餚也不愧爲美食。

■魷魚節

六月是中國南海盛產魷魚的季節，舉辦魷魚美食節，以魷魚爲主要原料，加以數十種烹飪方法，口味從麻辣到酸甜，應有盡有。

■全菱宴

每年夏秋之交，菱熟上市。以菱爲主角的宴席同樣花樣百

出，令人垂涎三尺。例如：紅菱青蘋、椒麻菱丁、蜜汁菱絲、裡脊菱茸、肉蒸菱角、菱膀燉盆等。

■海鮮美食節

海鮮的美味眾人皆知，海鮮的品種也十分豐富。以海鮮爲食品原料的美食節在各大餐館都比較普遍。

■水果菜餚美食節

水果是人人喜愛的食品，且品種豐富，口味各異。利用水果佐餐自古有之，將水果與菜餚一起烹製，能創造出非同一般的效果。

■餃子宴美食節

餃子是北方人喜愛的食物，餃子宴上餃子的潛力得到淋漓盡致的發揮，令人咋舌。例如西安餃子宴分爲「百花宴」、「八珍宴」、「全素宴」等六種宴席，兩百多種風味各異的餃子，一餃一形、百餃百味。有形如金魚、核桃、白兔、飛燕、孔雀、小雞、小鴨等；味有鹹、甜、苦、麻、辣、酸、怪等；烹製方法有煮、蒸、炸、煎等；餡料有魚翅、海參、干貝、雞肉、豬肉、羊肉、牛肉、各類蔬菜等，被譽爲「神州一絕」。

■椰子美食節

椰子美食節是海南的特色，在海南國際椰子節期間，許多飯店都推出具有濃郁椰鄉風情的「椰子美食節」、「椰子美食系列」、「椰子宴」，例如海南椰奶雞、椰汁香芋雞、椰汁香酥鴨、鮮椰糯米捲等。

■鮮花美食節

中國古籍中有關食花的記載不少，例如清代《養心錄》中有

「餐芳譜」一章，專講鮮花的烹製方法。花是極富有營養價值的食物，幾乎所有的中藥都用花做藥引子。南寧貴生堂餐廳經過精心研製，掌握了幾十種可食用花卉的名單，設計了近百種「花菜」。例如用乾木槿花為原料製作的開胃湯，用菊花瓣、水果片調製的沙拉，鮮花富貴開屏雞，鮮花沙拉，鮮花金腿鴛鴦蝦等。

■昆蟲菜餚美食節

昆蟲種類繁多，營養全面而豐富，含有人體所必需的蛋白質、氨基酸及維生素。我國民間昆蟲食品素有淵源，例如江南一帶的「蠶蛹」、廣東的「沙蠶」、「龍蝨」等。一九九六年十月二十九日，大陸八十多位昆蟲學家在武漢召開的全國資源昆蟲產業化發展研討會上，擺出了第一個「昆蟲宴」：蝗蟲、螞蟻、黃粉蟲、紅鈴蟲、蠅蛆等十多種以往令人望而生畏的昆蟲，在華中農業大學昆蟲資源研究室策劃設計下，經過廚師的精心加工，變成了美味佳餚搬上餐桌。例如天雞蝦排（蝗蟲）、油爆金豆（蠶蛹）、力神煎蛋（黑螞蟻）、天女散花（白蟻）、嫦娥戲水（雄蠶蛾）等。

■綠色食品美食節

環保是現今人們熱中的話題，環境污染問題日益受到人們關注，無工業污染、化學藥劑污染、無危害的綠色食品成為公眾的首選。有些餐館擁有自己的食品生產基地，種植蔬菜、養殖魚蝦，提供沒有污染的食品，讓顧客放心品嘗。

（二）以地方菜系或民族風味為特色

我國是地大物博的多民族國家，飲食文化豐富多彩。以地方菜系為特色的美食節，除了前面所提到過的八大菜系外，還有很多風味菜系。例如：

■傣家風味美食節

傣族風味的菜餚主要有乾酸菜、青苔、酸粑菜、煎荷包蛋蛹、蟲草等。

■維吾爾族菜餚美食節

維吾爾族的傳統風味食品主要有烤全羊、手抓羊肉、烤羊肉串、大盤雞、奶茶、酥油茶等。

■清真食品美食節

清眞食品是信奉伊斯蘭教的穆斯林所用的食品，不含豬肉、豬油、自死動物肉以及不含酒精等物。

(三) 以某國風味爲特色

外來食品也是大眾興趣所在，一些飯店、餐館在舉辦外國風味美食節的同時，引進該國的歌舞表演或樂隊演出，效果更佳。例如：

■法式蘆筍套餐美食節

這是以蘆筍爲主要原料的法式菜餚，例如**表8-1**所示。

表8-1　法式套餐菜單

	A類套餐	B類套餐	C類套餐
前菜	燒鴨蘆筍捲	蝦子熗蘆筍	蘆筍沙拉
湯	鮮帶蘆筍湯	粟米蘆筍湯	蘆筍魚片湯
熱菜	雀巢蘆筍蝦球	蘆筍大玉	瑤柱蘆筍
	咖哩蘆筍魚片	蘆筍燒魚塊	蘆筍炒牛柳
	蘆筍牛排	豉汁蘆筍雞球	燒鴨蘆筍
	冬茸扒蘆筍	四喜蘆筍	羊排拼蘆筍
		鮮蘑龍鬚	蒜茸炒蘆筍
甜品	什錦水果配冰淇淋	水果、冰淇淋	水果、雪糕

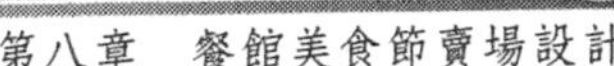

■德國啤酒美食節

德國啤酒美食節源於一八一〇年德國慕尼黑一位王子的婚禮及加冕儀式。當時四萬名慕尼黑居民被邀請參加這次盛典，人們在城門外的空地上舉行盛大的儀式和賽馬活動。由於這次活動十分成功，人們決定每年都舉行這樣的節日，逐漸發展成今天的德國啤酒節。目前，德國啤酒節已發展成世界最大的民族節日。每年九月開始，結束於十月的第一個星期天。這是一個集多種娛樂項目爲一體的大型節日，經典的德國音樂、傳統的德國食品，加上無與倫比的德國啤酒。整個啤酒節過程中，人們要消耗六百萬升啤酒、五十萬隻烤雞、二十萬根香腸、八十頭全牛。近年來，德國啤酒節也飄洋過海，在上海、廣州、成都等大城市風行。德國典型的菜餚有德國鹹豬腳、酸煎肉、德式煎香腸、德式烤雞、德式烤全羊、烤牛腿等。

■泰國菜餚美食節

顧客們在泰國美食節中，除了可以品嘗泰餐、喝泰國啤酒，還可以欣賞泰國音樂與泰國歌舞。並且，餐館還在賣場陳設了泰國的民族手工藝製作藝術品，例如泰國繪傘、乾花、面具、泰國編花串及雕水果等。

■義大利菜美食節

在義大利，不同的季節偏重不同的美食，夏季主要是沙拉和各種海鮮，冬季製作各種肉類，提供紅酒或葡萄酒。義大利人的主食以麵食爲主，最有名的是通心粉、披薩和義大利餃子。義大利人進餐時喜歡喝酸奶，愛吃辣椒，口味一般喜肥濃，注重菜色的濃、香、爛，講究菜餚和酒的搭配，擅長用炸、煎、烤、炒、紅燜、紅燴等方法製作菜餚，調料多用蔥、番茄醬、奶酪、胡椒、蒜等。義大利典型的菜餚有義大利馬乃司、義大利蔬菜湯、

義式菜捲、義大利丸子、義式餡餅、義式麵條板肉沙司、義大利羊排、義大利雞飯、奶油焗通心粉等。

■澳洲美食節

澳洲的名菜有鴕鳥濃湯、雪莉酒香草肉眼牛排、生蠔煙肉釀牛柳、牛油梨松子雞胸、袋鼠肉、鱷魚肉等。二〇〇〇年奧運會在雪梨舉辦時，各大飯店紛紛推出澳洲美食節。杭州雷迪森廣場酒店每晚九至十二時在綠蔭西餐廳推出燭光夜聚活動。參加者在品嘗澳洲美食、美酒的同時，可以觀賞大螢幕投影電視上的奧運會實況轉播。海華大酒店也適時推出了澳洲美食節，西餐廳天頂上的掛旗、牆上的海報、展示台上的無尾熊、澳洲鱷魚、鴨嘴獸等，都使人猶如來到了澳洲。最有趣的是爬滿棕櫚樹葉的小無尾熊，夾著一面澳洲國旗，憨態可掬。沙拉台上擺放著生猛的澳洲大龍蝦、珍寶蟹、成堆的魚捲等食品，海藍色的桌布襯底，帶給人一種憑海臨風的清涼。

■櫻花美食節

日本料理注重色、形、味，精選用料。日本風味菜具代表性的有什錦天婦羅、金串鰻蒲燒、東瀛刺身板、生魚片拼盤、日式火鍋，主食有壽司、飯糰、燒麥包等。

(四) 以某種烹飪方法為特色

人們在「吃」上所表現出來的聰明才智是無與倫比的，從五花八門的烹飪方法上可見一斑。運用多種原料，突出某一種烹飪方法，也會產生很好的效果。例如：

■燒烤美食系列

燒烤美食以香、鮮、嫩、脆取勝，受到廣大賓客的喜愛。各式燒烤菜餚風味獨特，現場烹製口味與調料可隨顧客任意挑選，別有樂趣。餐館舉辦燒烤美食節，可以選擇在露天花園或者在面積較大的平台上，使燒烤宴席更具野趣。

■火鍋美食系列

火鍋食品是中國人的傳統冬令美食，具有品種多樣、用料豐富、風味獨特等特點。火鍋的品種很多，按用材不同可分爲銅製火鍋、鋁製火鍋、陶製火鍋、搪瓷火鍋、銀錫合金火鍋和不銹鋼火鍋等；按使用燃料不同可分爲炭火鍋、酒精火鍋、煤氣火鍋及電火鍋等；按形狀不同可分爲單味火鍋、鴛鴦火鍋、多人用火鍋及單人小火鍋等；根據其用料不同可分爲豬肉火鍋、牛肉火鍋、羊肉火鍋、海鮮火鍋、野味火鍋、什錦火鍋等。

■砂鍋美食系列

砂鍋由陶泥、細沙燒製而成。它既耐酸、鹼，又具有保溫、散熱慢的特性，所以砂鍋美食也是非常適合的冬令食品。砂鍋美食節可以利用大小砂鍋，配以不同的食物原料燒製成各式美味。例如：砂鍋燉牛肉、羊肉豆腐砂鍋、什錦砂鍋、砂鍋獅子頭、砂鍋蹄筋、砂鍋魚頭、砂鍋甲魚、三鮮砂鍋、砂鍋人參雞、砂鍋鳳脯猴蘑等。

■串烹美食系列

串烹美食是利用各種葷、素原料，切成塊狀，再用竹籤穿好，放入油鍋中炸製，然後再灑上事先配製好的各種調料，色彩繽紛而獨具特色。使用原料中葷料有豬肉、牛肉、雞肉、鴨肉、羊肉、蝦、魚、鵪鶉、蛋、火腿腸等；素料有白菜、平菇、冬菇、海帶、豆腐乾、胡蘿蔔等。

■包式菜餚美食節

在我國菜餚製作中，採用包製成形的品種是豐富多彩的，包式菜餚一般是用紙包、葉包、皮包以及其他包裹著餡料成形的操作方法。紙包類菜餚是用特殊的紙包製餡料而成，食用紙有糯米紙，不食用紙有玻璃紙與錫紙兩種。葉包類菜餚是以植物的葉子作爲包製食物的材料，呈現葉的清香味及天然特色。食用葉有包菜葉、青菜葉，不食用葉有荷葉、粽葉和芭蕉葉等。皮包類菜餚是指用可食用的薄皮爲材料，有春捲皮、蛋皮、豆腐皮、千張皮等。代表菜餚有糯米紙包雞、錫紙包鹽基圍蝦、菜紙包鍋塌菜盒、粽葉包炸雞、荷葉包粉蒸肉、春捲皮包大蝦、蛋皮燒賣、千張包肉、豆腐皮包響鈴、魚皮餛飩等。

(五) 以食療爲特色

俗話說，「藥補不如食補」。將食品中的營養成分與一些補品、中草藥相結合，能產生很好的食療作用。例如：

■延年益壽菜餚

延年益壽菜餚針對老年人設計，具有健脾利水、養心補虛、增強免疫力、清肝明目等功效。

■美容健身菜餚

美容健身菜餚適用於廣大消費者，具有益氣健脾、清熱開胃、補氣養血、減肥降脂等功效。

(六) 以某種詩禮文化爲特色

俗話說「詩禮文化入餚饌」，美食節不僅弘揚了烹飪自身的烹調文化，而且與歷史文化、文學藝術都密切相關。例如：

■「孔府菜美食節」

孔府菜美食節根據「孔府全宗菜譜」及相關檔案資料，結合魯菜傳統和孔子家族歷史文化意境創製而成，每道菜都有其典故與出處。例如：「詩禮銀杏」，孔府前有兩株生長茂盛的銀杏樹，歷代衍聖公設家宴，以其上之果製甜羹享客。孔府以詩禮傳家故名詩禮銀杏，銀杏有補中益氣之效，輔以鴿蛋功用更佳。所以此菜既是補藥又是美味。「孔府龍眼肉」，此菜記載爲孔府傳統菜目，肉製呈龍眼狀，內釀以餡，形態獨特、風味別致。據解述，龍眼者，文眼也，文思之眼，文如泉湧。此菜意蘊深長，令人回味。

■「乾隆御宴美食節」

乾隆曾六下江南，每到一地便賜宴地方官員，而地方官員也精心烹製有特色的地方菜餚供皇帝品嘗。鎮江飯店根據有關記載的菜譜，從百款珍餚中挑選出有地方特色的菜餚，精心製作，形成了鎮江乾隆御宴。御宴名菜有金山浮屠、八味美碟、飛燕奔月、招隱玉蕊、天地同庚、群雛賀壽、禧貝河豚等。

■「紅樓宴美食節」

「紅樓宴」取自《紅樓夢》是以曹雪芹所記述的餚撰而烹製的菜餚。例如揚州「紅樓宴美食節」，廚師在紅學家與美食家的指導下精心製作各種膾炙人口的佳點。例如大觀一品、賈府冷碟、寧榮大菜、怡紅細點、廣陵茶酒等。

■「隨園菜美食節」

「隨園菜美食節」的菜餚是以清代袁枚的《隨園食單》這部烹飪著作中所列的菜點研製創作而成，食單中列有「戒單」十四條，如「戒外加油」、「戒同鍋煮」、「戒耳餐」、「戒目餐」

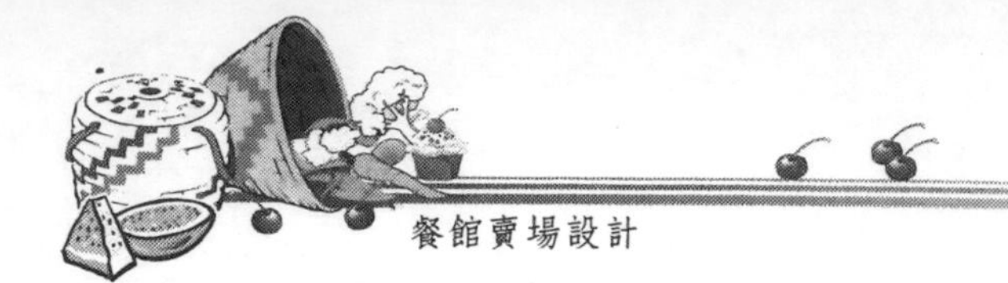

等，還列有「須知單」，如「遲速須知」、「器具須知」、「上菜須知」等。隨園系列菜餚有鍋燒肉、蘿蔔絲煨魚翅、煨烏龜蛋、燻肉、醬炒甲魚等。

■「金瓶梅宴美食節」

「金瓶梅宴」取自《金瓶梅》，根據書中飲宴的記載挖掘整理製作而成。以市井美食爲主，兼顧官府菜和民間菜，既有較少的昂貴高級的參翅海味，也有中級豐盛的葷素佳餚，還有風味獨特的市肆小吃、平民飲食。由濟南名廚李志剛研製的「金瓶梅宴」共有菜點二百多款，內容有「家常小吃宴」、「四季滋補宴」、「梵僧齋宴」、「金瓶梅全席」等六個系列。《金瓶梅》中所列菜點有騎馬腸、宋蕙蓮燒豬頭、扣菜捲兒、頭腦湯、兩吃花釀大蟹、一龍戲二珠等，使食客見菜生情。

■「板橋宴美食節」

鄭板橋是清代著名書畫家、文學家，同時也是美食家。他的美食觀與他擅長畫蘭、竹、石一樣，飄逸、淡泊、脫俗。板橋宴以《鄭板橋集》及鄭板橋的傳說故事研製菜餚，充分運用地方特產爲原料，反映區域文化特徵。板橋宴的口味清淡平和，以鹹鮮爲主，突出原料的本味、眞味，主張「大味必淡」、「存眞無奇」。代表菜餚有：田螺揣肉、醉蟹清燉雞、板橋狗肉、菊花炒米茶等。

第二節　美食節賣場設計與布置要點

美食節的成功，除了所提供食品的吸引力大小及口味好壞外，還有一個因素對美食節效果的影響非常大，那就是美食節餐館賣場的設計與布置。

一、賣場設計對美食節的重要性

賣場的設計與布置對美食節舉辦過程中的氣氛營造有直接關係，環境布置的氣勢愈大，風格與主題就愈貼切，就能使顧客從美食節活動中獲得的心理感受愈強烈，產生更好的用餐效果。人們來參加美食節，如果對於美食節的產品不是非常了解，那麼首當其衝的衝擊並不是味覺上的，而是視覺上的。在還沒有用餐之前，整個賣場帶給顧客的感受形成顧客對於美食節的第一印象。

而且，美食節活動本身就具有創造聲勢、對外宣傳的目的。賣場是宣傳的重要主體，對顧客的用餐過程有著極大的影響，所以賣場設計就更要突出美食節的主題與特色，注重意境與氣氛的營造。

二、美食節賣場設計的原則

美食節的賣場設計與日常經營時的賣場設計不同，具有暫時性、特殊性及靈活機變性。在設計時，要注意以下各點：

(一) 明確主題

美食節的賣場設計與布置必須在明確瞭解美食節主題的基礎上，從主題出發，圍繞美食節活動的內容，透過各種方式充分表現及突出主題。

(二) 準備充分

在進行賣場設計與布置時，首先必須對美食節有關的各方面

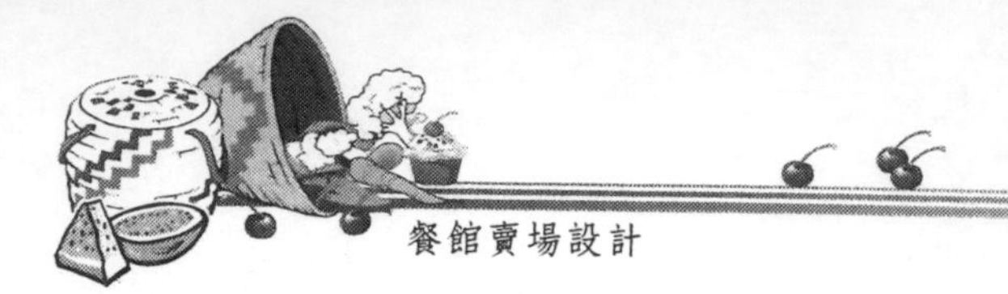

知識做全方位的了解。掌握不同民族文化思維模式和審美情趣的差異，詳細了解各種飲食文化的背景因素。要考慮與飲食有關的民族風情、地域特色、異國情調，以及照明設計、色彩搭配及各種物件的擺設等。

（三）抓住重點，突出關鍵

賣場設計必須抓住重點，對各個能夠對顧客造成強烈衝擊的視覺衝擊點加以特別設計與建構。注意視覺衝擊點的主題鮮明性及代表性，以及視覺衝擊點視覺涵蓋面的範圍是否能覆蓋整個賣場。

（四）注意細部

賣場不光要突出主題，對細部也應加以注意。每一個細小的地方都會影響賣場的總體效果，設計者一定要在具備民俗、民藝、各種飲食文化特徵及飲食知識的基礎上，對各個細節加以推敲，爭取以最小的變動得到最好的效果。

例如，中國大飯店舉辦老北京風情周日自助餐活動時，將飯店的咖啡苑布置一新，老北京的風土人情、道地的京味美食，構成京城一道古老的景色。賓客步入咖啡苑，如同置身於熙熙攘攘的舊日京城。跑堂夥計迎面而來笑臉相迎，高聲吆喝貴客臨門，熱情引客入內。身著老北京裝束的服務員周到倍至地跑前跑後，拉二胡和唱小曲兒的「街頭賣藝人」穿梭於客人當中。餐廳四壁是老北京風光及街景裝飾畫，鳥籠點綴各處，倍添情趣。餐廳內還專門設置了熱炕頭，客人若有興趣，可以坐在熱炕頭上用餐。

三、美食節賣場設計要點

美食節的賣場設計主要是在餐館原有的賣場布置基礎上，透過適當的改變或重點裝飾，呈現美食節的特色，烘托出美食節的熱烈氣氛。

(一) 餐館外觀裝飾

餐館外觀是美食節活動非常重要的對外宣傳窗口，是整個賣場裝飾中比較重要的一個環節。比平時更爲亮麗的外觀，特別能夠吸引公眾的注意。

■利用橫幅

利用橫幅是餐館常用的方法，具有使用簡單、經濟，傳達訊息明確等特點。色彩鮮明的配色、活潑的字體、具有吸引力的詞句，是美食節宣傳中不可少的工具。還有一些餐館採用大幅的布幕廣告，上面不僅有較詳細的文字介紹，還有很多圖案裝飾，可謂圖文並茂、生動有趣。

■設計美食節標誌或吉祥動物

餐館透過專門設計美食節的標誌或吉祥動物，可以使美食節的主題更爲突出，也顯得更爲隆重。標誌可以是文字標識，也可以是圖形標識，設計宜簡潔明快，富有衝擊力。吉祥動物的運用可以使美食節更富有人情味，也會給賓客留下更深的印象。例如廣州國際大酒店在舉辦澳洲美食節時，專門設計了澳洲特有的動物——無尾熊的造型，作爲美食節的標誌。人見人愛的無尾熊形象不僅出現在推廣宣傳品上，也出現在員工的服飾上，使人過目不忘。

■壁畫

美食節期間，利用餐館或餐廳外牆繪製主題壁畫，也是裝飾的有效手段。例如某飯店舉辦德國十月啤酒節，在餐廳的外牆上請畫師作了主題壁畫。遠處背景爲白雪皚皚的阿爾卑斯山脈和鬱鬱蔥蔥的森林，近處景致爲巴伐利亞鄉村。身著節日盛裝的人們在手風琴的伴奏下載歌載舞，暢飲啤酒。

■彩燈裝飾

舉辦美食節時，餐館外的燈箱及螢光燈、彩燈的藝術裝飾在夜晚大顯身手，具有強烈的視覺效果。例如將主持美食節的廚師照片或是製作精美、色彩誘人的餐點圖片製成燈箱，使美食節更具直觀性。對於有較大裝飾面、視覺效果好的餐館，可以採用彩燈、滿天星、光纖維及霓虹燈等發光器材組成象徵美食節的文字與圖案。

■其他

除了以上幾個要素外，突出賣場外觀的方式還有很多種。例如杭州國際假日酒店在舉辦德國啤酒節時，在假日酒店廣場上搭建起能容納五百人的巨型帳篷，帳篷內的擺設完全按照德國傳統的風俗習慣，連長條凳、長條桌、台布等都從德國進口。

(二) 美食節入口處布置

美食節的入口處是賣場另一個裝飾重點，肩負著從餐館門外到賣場內部的銜接任務。在入口處設置一些模擬景觀或展示台，既美化環境，又能呈現主題，是餐館經常採用的方法。

■模擬景觀

模擬景觀是指在餐館入口處搭設與美食節相關的一些國家、

地區的風光地貌、自然景觀、標誌性建築、歷史文化古跡、民俗風情以及宗教信仰等的模擬微縮景觀。模擬景觀能夠展現美食節的多元文化，給顧客帶來更爲豐富的聯想。

例如以紹菜爲特色的「水鄉風味美食節」，在餐館的入口處布置了小橋流水的模擬景觀，黑瓦白牆、烏篷船、氈帽、狀元紅與女兒紅的陳酒罈子，使顧客感受到濃濃的水鄉風味，似乎來到了魯迅筆下的古鎭。再如某飯店舉辦荷蘭美食節，在入口處布置了以荷蘭風車及荷蘭田園風光爲中心的模擬微縮景觀，製作精美的荷蘭鞋與五顏六色的鬱金香，使顧客恍若來到了阿姆斯特丹。

■展示台

入口處展示台是美食節的指南目錄，其目的在於重點推薦美食節的主打產品以及相關的主題文化，並且利用獨特的藝術表現手法和襯托，既是促銷品，又是藝術陳列品。

展示台可由冰雕、黃油雕、巧克力雕、蔬果雕、食品模型、名貴餐具、中外名酒、藝術插花、盆景等搭配組合而成。例如某飯店在推出「世紀婚慶玫瑰宴」美食節活動時，在餐廳入口處鋪設了由二千朵玫瑰組合成的巨幅「永結同心」圖案，一對對新人在此爭相合影，餐廳與玫瑰都成爲新人們永久的紀念。

（三）美食節服飾設計

在美食節期間，服務人員的服裝所產生的襯托與渲染環境氣氛的作用，同樣不可忽視。美食節的服飾文化能夠突出主題，不僅能使賓客對美食節加深了解與印象，更能展示企業員工的風采。而且，員工服飾對塑造員工與企業形象，擴大企業知名度也有很大影響。美食節期間員工服飾的式樣風格應與美食節的主題相吻合，與賣場的總體氣氛相協調。在舉辦一些民族風味美食節

或外來食品美食節時，員工具有特殊濃郁民族風情的服飾讓人耳目一新，一見難忘。例如舉辦維吾爾族風味美食節時，服務員可以穿上維吾爾族的民族服裝以增加氣氛。男服務員穿齊膝對襟長袍，用腰帶式長方巾繫腰；女服務員穿彩色的寬袖連衣裙，外罩黑色對襟坎肩。廣州國際大酒店舉辦的澳洲美食節在咖啡廳中舉辦，服務員換下原來的西式馬甲與西裝裙，不論男女都穿上統一印有無尾熊圖案的T恤，便整個餐廳頓時增添了輕鬆活潑的氣氛。

（四）台面裝飾

餐桌的台面是顧客用餐時最頻繁的接觸面，在舉辦美食節時，台面也是裝飾的重點。

■餐具

餐具的種類很多，不僅具有功能性，同時也是可供欣賞的佳品。不同風味的美食節應選用不同種類的餐具。中國傳統風味的美食節，以筷子與瓷製、玻璃製餐具爲主。中國筷子的種類很多，有象牙製、木製、竹製、塑膠製的等等，酒具的種類有玻璃製、瓷製、金屬製、玉石製等，各自營造出不同的氣氛。

■布巾

餐廳台面的布巾主要有台布、餐巾、毛巾、桌裙、台墊等棉織品。布巾是比較容易替換，而且又是色彩覆蓋面較大的裝飾點，所以在美食節賣場布置時，應該盡可能地利用布巾的影響力。例如雲南美食節可以換上蠟染的織品作爲台飾；四川美食節可選用藍底白花的土布；維吾爾族美食節可以選用具有新疆民族風味的織毯；美國美食節可以選用星條旗的圖案或者美國西部的格底布等。

■各類飾物

用來裝飾餐桌台面的飾物很多，能在顧客用餐時增添許多情趣。例如：

・花卉

大自然的花卉種類繁多，美不勝收，但由於生長地域的不同與色彩、形狀、氣味的不同，而被人們賦予了各種花語。

花卉的代表性對美食節的幫助也不容忽視，例如：

江南風味美食節：玉蘭花、月季花、茉莉花、蘭花、桂花、梅花、荷花。

鄉土風味美食節：波斯菊、蓬萊松、麥穗、乾玉米、紅辣椒。

四川風味美食節：杜鵑花、紅葉、竹葉、芙蓉花。

廣東風味美食節：木棉花、紫荊花、石榴花。

雲南風味美食節：茶花、杜鵑花。

美國風味美食節：山楂花。

法國風味美食節：百合花、玫瑰花。

義大利風味美食節：紫羅蘭、雛菊、玫瑰花。

荷蘭風味美食節：鬱金香。

墨西哥風味美食節：仙人掌、大理菊。

泰國美食節：蓮花、桂花。

・觀賞動物

一些餐館將有些觀賞小動物代替花卉，搬上了餐桌，造成意想不到的效果。例如一家餐廳在舉辦「家家樂美食節」期間，抓住兒童們熱愛小動物的心理，在餐桌上放置了玻璃金魚缸與瓦盆。在雨花石墊底的金魚缸內各色小金魚吐著泡泡游來游去，而盆內竟匍匐著兩隻小烏龜，一旁放置著卡通畫，上面有金魚與烏龜在說話：「可以看我，可別親我喲。」這樣的布置是前來用餐的小朋友最為開心的，也使家長非常滿意，而且還利於培養兒童與動物的親近感，灌輸愛護動物的思想。

・工藝品

各地各民族具有不同風味的工藝品也是台面裝飾的佳品，例如中國的傳統工藝品有捏麵人、臉譜、面塑、皮影、剪紙、摺扇等；日本風味的小人偶、千紙鶴等；荷蘭風味的船形木鞋、小風車等。

・標誌物或吉祥物

各個國家的標誌物與吉祥物在舉辦不同國家風味的美食節時，能夠大顯身手，例如熊貓是中國的吉祥動物，龍也是中國的象徵；自由女神像與星條旗是美國的象徵；艾菲爾鐵塔模型與藍、白、紅三色旗象徵法國；而五環則是奧運會的標誌。

・美食節菜單

美食節的菜單或宣傳印刷品是美食節的指南，也是最常用及最直接的宣傳工具。美食節菜單應有明確的主題、獨特的立意以及形象化設計。

(五) 賣場音響

音樂對於烘托特有的及歡快的氣氛有特別的功效，利用小型樂隊與歌手的熱情表演可以增強音樂氣氛，表現出現場感，所以美食節期間賣場內的背景音樂及樂師、樂隊、樂曲的選擇非常重要。中餐美食節宜選用具有中國民間傳統特色的樂曲，如江南絲竹、廣東音樂等，可採用由古箏、揚琴、琵琶、二胡、笛子等小型民俗樂團到現場獨奏或合奏；而西式美食節可以採用小提琴、中音提琴、吉他等組成樂隊，在賓客餐桌旁即興演奏。

假日酒店在舉辦德國啤酒節時，特別從德國請來了著名的六人樂隊。他們展現和演奏了奇特的阿爾卑斯傳統樂器，如口弦、木琴、豎琴、木鋸等，樂隊成員身著德國民族服裝，唱起古老的德國迎酒歌，演唱風格歡樂風趣，具有強烈的娛樂性。當場內德國傳統的小號聲響起，德國大使館的大使舉起橡皮鎚敲開大啤酒桶的軟木塞，啤酒嘩嘩地流出，全場的顧客不禁高呼，共同品嘗美味，跳起傳統的德國民間舞蹈。客人們不僅能品嘗正宗的德式食品及啤酒，還能欣賞熱情奔放的德國巴伐利亞音樂和歌舞，更能感受到德國的文化。

四、美食節賣場設計注意事項

美食節是暫時性的經營活動，是日常經營的點綴。所以，美食節的賣場布置不能喧賓奪主，應與餐館的整體形象相統一，並且應便於復原。

(一) 與餐館整體形象的統一

美食節的賣場氣氛布置應注意與餐館整體形象的統一，例如美食節的標誌、圖案、色調、中英文字體、廣告語等，必須與餐館的整體形象相統一。

(二) 以簡潔明快為主旨

美食節是暫時性的經營活動，其布置是在原有餐廳環境的基礎上進行的，所以應以簡潔明快為主旨，切忌雜亂無章，喧賓奪主。

(三) 裝飾品便於拆卸、還原

美食節在結束後要迅速還原，所以，美食節的各項裝飾品如標語、橫幅、燈箱、彩飾等，應便於拆卸與還原。

第九章

餐館店慶與傳統節慶賣場設計

除了舉辦各類美食節外，店慶及傳統節慶也是餐館在日常經營以外的重頭戲。餐館透過店慶與傳統節慶舉辦一些活動，是重要的行銷手段，這些活動都需要對賣場加以特別的裝飾，以增加氣氛。不論是中國傳統節慶還是西方傳統節慶，對餐館來說，都是促進銷售的好機會，因此餐館應該重視傳統節慶的賣場設計與布置，既有利於樹立形象，提高餐館在社會上的知名度，又能促進餐飲產品的銷售。

第一節　餐館店慶賣場設計

餐館的店慶活動每年都可舉行，一般在逢一周年、逢五周年或逢十周年時特別隆重。對於一些有悠久歷史的老字號餐館而言，店慶更是一件令人自豪而驕傲的盛事。店慶賣場的設計及布置也可以根據每年的實際情況調整，達到預定目的。

一、店慶活動的目的

（一）店慶是對餐館發展的回顧

一個企業的發展都有一定的軌跡，透過店慶，可以使企業的員工更清楚企業發展的歷程、努力的成績與企業發展的方向，增強企業向心力與凝聚力。

（二）利於樹立公眾形象

透過慶祝餐館開張周年的一系列活動，可以達到向社會公眾宣傳企業、弘揚企業精神的目的。

（三）提高員工技術水準

結合店慶可以舉辦一些員工技術技能比賽活動，選評出每年的技術高手與服務明星，提高整個企業的員工技術水準。

（四）利於促銷

餐館可以將店慶活動與美食節活動結合在一起，既可以打造聲勢，又有利於做好產品促銷工作。

二、店慶賣場設計要點

店慶賣場布置主要凸顯出對企業的歷史及發展的介紹，可以在店門外張掛一些醒目的慶祝橫幅，在店內設置一些介紹企業、弘揚企業精神的文字圖片，以及配合「店慶」活動的有關銷售廣告。其中，餐館標誌、外觀以及招牌產品及當家主廚、優秀服務明星是展示宣傳的主要內容。在餐館內還可布置店慶展示台，展示台既可以展示餐館的優良產品，也可以展示餐館的主題文化，或者展示精美的藝術品、設計精巧絢爛多姿的花壇來烘托整個賣場的喜慶氣氛。

第二節　我國傳統節慶賣場設計

歲時禮儀是傳統中國人千百年來遵從的習俗活動，是我國古代民俗活動的重要組成部分。我國傳統的節慶活動很多，例如春節的貼春聯，吃年夜飯，元宵節的賞花燈、吃元宵，端午節的懸艾草、飲雄黃酒，中秋節的賞月、吃月餅，重陽節的插茱萸、飲

菊花酒、登高等等。這些節日與人們的日常餐飲都有關聯，餐館借助節日的契機，可以將賣場加以特別的裝飾，推出與傳統節日相關的食品，使之具有濃郁的中國風味和習俗情調。

一、春節賣場設計

（一）關於春節的常識

春節是傳統節日中最大、也是最受人們重視的節日。傳統中國的春節，是一個較長的時段。每到臘月，人們就開始爲年節做準備，例如辦年貨、祭灶等。到除夕，人們更是忙碌，先大掃除，然後貼春聯、年畫、福字，包餃子，顯出一派清新、歡樂、祥和的氣象。

■飲食傳統

中華民族是一個注重口腹享樂的民族，中國人的「吃」，睥睨一世，獨步古今。春節既然是一年之中最盛大的節日，飲食自然是一大主要內容。吃完了豐盛的年夜飯後，正月初一清晨，要先吃更歲餃子，更古老的還有飲椒柏酒、屠蘇酒、食五辛盤等。古人認爲飲椒柏酒、屠蘇酒、食五辛盤有益於人體健康，可以祈禱長壽無病痛。

椒柏酒是以椒實和柏葉浸製的酒。古人認爲椒是北斗七星中玉衡之星精。服食之後能令人身輕善走，蹣跚老者食之也會健步如飛；柏是仙藥，又與「百」同音，柏葉耐寒後凋，是長壽的象徵。取椒柏製酒以進長者，一是爲長者祈壽，二是避邪祛病。唐宋時代，朝廷還常常賞賜大臣柏葉，用來浸酒，表示恩寵有加。飲椒柏酒的順序非常奇特，《四民月令》中說「進椒酒從小起」。《荊楚歲時記》則不但記載這種習慣，且究其緣由「正月飲酒先小者，以小者得歲，先酒賀之；老者失歲，故後飲酒」。

屠蘇酒在漢末就已出現，功能與椒柏酒大致相同。俗說從前有個人住在一個叫「屠蘇」的小棚子裡，這人每年除夕都要送一帖藥給鄰居們，讓鄰居把藥裝在深紅色袋子裡浸入水井中，到初一這天從井中取水，全家飲用，可以袪除邪氣，避免生病。屠蘇酒實際上就是一種藥酒，有一種屠蘇酒的配方是：大黃一錢，桔梗、川椒各一錢五分，桂心一錢八分，烏頭六分炮製，白朮一錢八分，茱萸一錢二分，防風一兩，用深紅色布袋裝好懸掛在井中，到正月初一寅時取出來，用酒煎四五沸。飲屠蘇酒的習慣也是全家人聚在一起，按照先幼後長的順序，並且必須面向東方。

春節食用五辛盤，也是出於健身的考慮。古人所謂五辛盤是用五種帶有辛辣味的蔬菜，即所謂「葷辛」，拼裝成盤。五辛盤中常選用的蔬菜是蔥、薑、蒜、韭菜和蘿蔔。《荊楚歲時記》引周處《風土記》「元日早五辛盤」，後人認爲五辛是用來發五臟之氣。

■張貼裝飾傳統

人們在歡度春節時，常常在家中張貼一些春聯、年畫等。

・貼春聯

春聯也稱爲對聯、門對，是懸掛或張貼在楹柱門戶之上的聯語。春聯的緣由是桃符，最初人們以桃木刻成人形懸掛於門邊以避邪，後來這種避邪偶像蛻化成畫在桃木板上的守衛門戶之神，再簡化爲在桃木板上書寫門神名字，或寫其他吉祥語。春聯的另一個緣由則可能是春帖，古人在立春日多書「宜春」帖子。春聯的張貼無疑給年節創造了一種喜慶祥和的氣氛。貼春聯的習俗沿用至今，只是以印刷品爲多。

・貼年畫

年畫是我國民間的一種繪畫藝術，最早的形式爲門神畫。上古至唐代，年畫大約出自手繪，到宋代出現木版年畫，並出現專門的年畫作坊。經過發展的年畫內容除了避邪外，還有喜慶祈年、五穀豐登、風調雨順、年年有餘（魚）、春牛、壽星、財神爺、胖娃娃、美人圖、花鳥、風景等。年畫的形式也由從前門神畫的單一形式，發展到四條屏、單幅年畫、斗方等。

新年張貼年畫，一方面表現了人們對來年的美好願望，另一方面也給節日帶來了濃重的氣氛。在彩色印刷技術高度發達的今天，年畫形式不但更爲多樣，內容也更爲豐富，印製也更爲精美。

・貼福字

新春佳節張貼「福」字，也是流行於各地的傳統習俗。「福」字可以用各種字體書寫，張貼於家中實物之上，以祈新年福運。有時刻意將「福」字倒貼，取意爲「福到（倒）了」。與貼「福」字相類似的還有貼「黃金萬兩」的連體字及流行於黃河中下游的貼兩個「有」字顛倒連體字。前者在春節貼於米櫃糧囤上，取發財致福意；後者俗稱「倒有有」，意味新年中財物常有，不會匱乏。而江南地區貼剪有蝙蝠、麋鹿、仙鶴、喜鵲（寓意福、祿、壽、喜）和帶「福」字或「年年有餘」字樣的喜箋張貼，除表示一種祝頌意思外，也是新春佳節的一種裝飾。

■傳統活動

新春佳節中，有許多鮮亮而激動人心的活動。例如有祈神致福的接財神、迎喜神、祭祖先、乞如願，有驅厲消災的放爆竹，有祝頌豐年的嫁樹、祈穀、占歲，有聯絡感情的拜賀新年，還有娛神娛人的舞獅、舞龍，又有椒柏酒、五辛盤、年酒、春宴等。

(二) 春節的賣場裝飾要點

在以往，年夜飯是家家戶戶在春節時的重頭戲，各家各戶爲了準備年夜飯要花很多精力與勞力。而如今，隨著人們生活水準的提高，觀念的改變，已經有愈來愈多的家庭把春節的年夜飯搬到了外面的飯店餐館中。使得以往在春節期間關門休息的餐館又迎接另一個新的消費高潮，辦好年夜飯、過好年，成爲餐館經營者對廣大顧客的承諾。

在春節時，餐館應根據春節的傳統習俗布置賣場，並安排一些歡慶活動。餐館的賣場布置最突出的是在入口處或餐館大廳懸掛大紅燈籠，上面寫有「歡度春節」或「新春愉快」的字樣。在餐館的廊柱上可以貼上春聯、掛上爆竹、繫上彩球、緞帶等。舞龍、舞獅、玩花燈都是春節的傳統活動內容，所以可以採用這一類形式進行裝飾烘托氣氛。中國人的每一年都有相應的生肖動物，除了使用當年的生肖動物圖案與造型進行裝飾外，還可以選用的吉祥動物造型有：鯉魚（利、餘）、蝙蝠（福）、鹿（祿）、仙鶴（壽）等，預示著來年的興旺發達。春節的展示台布置可以大紅色與金色爲主色調，在上面可以布置一些金童玉女拜年彩瓷像、金桔盆景、桃符對聯、民間年畫、紅燈籠、年糕、餃子、饅頭、糖果盒、紅鯉魚等。此外，「年年有餘」、「恭喜發財」、「恭賀新禧」、「萬事如意」、「福」等吉祥圖案與文字，是春節展示台裝飾中不可缺少的。春節餐桌台面的飾品可選用拜年小瓷娃、小金桔、貼有「滿」字的小金罈、鞭炮串、金元寶、紅鯉魚、對聯條幅、利市糖、生肖小飾物等。春節的適用花材有銀柳、臘梅、山茶、水仙、天竹果、金桔等。

（三）春節的賣場背景音樂

春節的背景音樂宜採用中國的傳統樂曲，例如：《春節序曲》、《步步高》、《喜洋洋》、《新春樂》、《娛樂昇平》等。

二、元宵節賣場設計

（一）關於元宵節的常識

元宵節大約源於漢代，據說西漢文帝在戡平諸呂後登基，平諸呂的那一天正好是正月十五，爲表紀念，文帝在每年的這一天都要出宮，與民同樂。自正月十三、十四開始直到十七、十八日才結束的元宵節，老幼競觀、塡街塞巷，是全民的「狂歡節」，也是持續二十餘日的年節最後高潮。現在主要的節慶活動是吃元宵、看花燈、猜燈謎等。

■張燈、賞燈

最早的元宵節並沒有張燈習俗，張燈習俗一是與祭祀太一神有關，太一是北極星神的別名；二是與佛教相關，稱爲「燃燈表佛」。元宵觀燈，自是以燈爲主。花燈是以竹、鐵、木條、藤條、麥稈及紙、絹、紗、綢、玻璃等物製成的燈，專供觀賞之用。常見的人物燈有嫦娥奔月、西施採蓮、八仙過海等；花果燈有荷花、葡萄、瓜、藕、牡丹、柿、桔等；百族有鹿、鶴、龍、馬、猴、鳳、金魚、鯉魚、蛙、蝦。燈的形式有燈塔、燈球、過街燈、走馬燈、龍燈等。

■其他娛樂習俗

元宵燈節，主要是賞燈，但其他形式的娛樂也極其豐富多

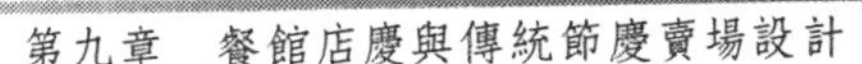

彩。例如聽戲文、看歌舞雜耍、猜燈謎、觀看舞龍、舞獅、觀看踩高蹺、跑旱船等，令人目不暇給，觀之不盡。

■祈祝習俗

元宵節的活動除了娛樂性的以外，還有純粹的祭祀活動和其他一些含有祈祝意義的活動。例如早在南北朝時代就有文字記載的「迎紫姑」祭祀活動、「請戚姑娘」活動及「過橋摸釘走百病」等。

(二) 元宵節的賣場裝飾要點

元宵節是春節期間的最後一個節日，在餐館賣場的布置中，可以將兩者相互銜接，稍作變動。餐館可以結合元宵節的傳統活動加以布置，例如推出「元宵宴」、「花燈宴」等系列套餐，舉辦賞花燈、鬧元宵、猜燈謎、品美食系列活動。花燈是元宵節餐館賣場布置的重點，例如美食城餐廳在元宵節時，將各式各樣的花燈垂吊在門廳前、大廳中、廊檐下，花燈上貼有各式謎題，只要顧客猜中就可以拿大獎。顧客們邊品美食、邊賞花燈、猜燈謎，寓樂於食，其樂陶陶。

三、端午節賣場設計

(一) 關於端午節的常識

農曆五月初五，是我國民間傳統的端午節。端午節又名端陽節、端五節、重五節、重午節等。

■端午節源流

端午節是中國人的傳統節日，關於端午節的起源有多種說法：一說源於紀念詩人屈原，這種說法流傳最廣，影響最大；一說源於紀念介子推，流行於山東一帶；一說紀念伍子胥，爲吳楚兩地習俗；一說紀念曹娥，流行於浙江會稽一帶；也有傳說認爲是祭「地臘」，係道教弟子的風俗。近代著名學者聞一多提出端午節原是祭祀龍的節日，它的起源遠在屈原之前，「和中國人民一樣的古老」。近人又提出端午節起源於夏至，是由遠古新年演變而來。

■端午節習俗

端午節民間的習俗活動很多，主要的有懸艾草與菖蒲、吃粽子、賽龍舟、飲雄黃酒等。

端午節還有「遊百病」、「鬥百草」、「佩香囊」、「繫長命縷」等習俗。

(二) 端午節的賣場裝飾要點

在裝飾賣場時，可以圍繞端午節的傳統活動來進行。其中，端午節吃粽子的習俗是流傳最廣，也是最爲普及的。餐館賣場可以製作一些文字圖片，向顧客展示粽子的歷史、與粽子相關的民俗文化，並且請名師進行現場包粽子表演，使顧客在品嘗美味的同時，又增長了見識。例如廣州飲食集團下的幾家酒家推出的不僅有傳統口味的粽子，還有一些標新立異的新品種，如「八寶鹹肉粽」、「蘆兜粽」、「日式迷你梘水粽」、「裹蒸皇」等二十多個品種。餐館賣場還可以利用粽子作爲特殊的裝飾，如製作巨型粽子放置在賣場構成裝飾重點。一九八九年端午節，彰化縣曾製作一個特大粽子，重達三百五十公斤。另外，也可以將小型粽子穿成鏈條作爲掛飾進行裝飾。例如小型的嘉興粽子，一斤米可以製作四十個，特別玲瓏可愛。端午節的餐桌台面飾物有長命縷

（用麻紮成小巧玲瓏的小掃帚、小葫蘆，用五顏六色的綢布拼接成的小粽子、小娃娃及瓜果、小動物等，然後用五色彩絲連在一起）、老虎頭（編銅線爲虎頭形）、香包、艾草及桃枝等。端午節的適宜花材有斑葉百合、海棠等。

四、中秋節賣場設計

（一）關於中秋節的常識

農曆八月十五日是我國民間傳統的中秋佳節。

■中秋節的由來

「中秋」一詞，始見於《周禮》：「中春晝，鼓擊士鼓吹幽雅以迎暑；中秋夜，迎寒亦如之。」根據我國古代曆法，農曆八月十五日，是在一年秋季八月的中間，故稱「中秋」，也稱「仲秋」。中秋之夜，明月當空，清輝灑滿大地，人們把月圓當作人間團圓的象徵，把八月十五日視作親人團聚的日子。因此，中秋節也被稱爲「團圓節」。

■中秋節的習俗

中秋節的儀俗表現之一是婦女回娘家，舊稱「歸寧」，探親時必備的禮物是月餅，但必須在中秋月夜前返回夫家。

中秋祭月，在我國也是十分古老的習俗。據史書記載，早在周朝，古代帝王就有春分祭日、夏至祭地、秋分祭月、冬至祭天的習俗。祭月在月亮升起後進行，一般在露天設置香案，上面擺滿各種供物，如月餅、瓜果、毛豆、雞冠花、蘿蔔、藕等。月餅又稱團圓餅，要放在特製的架子上，架底襯木板，將它豎立起來，擺在桌子中央。兩旁擺著如人一樣站著，手執搗藥杵的兔形

月餅。其他是滿桌的供器，例如上等白錫精製的燭台、香筒、香爐等。祭月畢，全家一同吃「團圓酒」、「賞月飯」。中秋賞月也是中秋節最為盛行的習俗活動之一，我國在魏晉時已有中秋賞月之舉，唐宋時此風十分盛行，一直流傳至今。

(二) 中秋節的賣場裝飾要點

中秋節的主題是團圓，餐館可以自製月餅出售，同時「團圓飯」也是重頭戲。所以，在裝飾賣場時，要突出「月」的內容。例如張貼關於中國民間神話故事「嫦娥奔月」的圖像等，與此相關的活動還有登台望月、泛舟賞月、飲酒對月等，所以有些餐館可以將賣場延伸至露天或平台，用螢光燈圍成另一與大自然融於一體的賣場空間。銷售月餅也是中秋節餐館經營的主題，餐館可以透過在大廳搭建具有民族風格的銷售亭，或營造其他形式的銷售環境，加以促銷。中秋節的適宜花材有康乃馨、斑紋萬年青、狗尾草、麒麟草等。

第三節　西方節慶賣場設計

西方的節日近年來在我國愈來愈盛行，具有代表性的有聖誕節、情人節等。所以，餐館業主們也牢牢抓住這些節日所帶來的商機，做好餐館的宣傳與促銷工作。

一、聖誕節賣場設計

聖誕節是紀念耶穌誕生的節日，除東正教外，天主教與基督教都定在十二月二十五日。它是西方國家最大最隆重的節日，一般從二十四日平安夜至二十六日止，有些國家一直放假到元旦新年。在聖誕節的布置中有些基本的裝飾象徵與裝飾物。

(一) 關於聖誕節的常識

■聖誕節的由來

聖誕節的出現比基督教的耶穌受難節與復活節要遲得多。最初基督教沒有這個節日，因為按照當時的習慣，教徒們只紀念忌日，而不重視生日。後來，根據《聖經》上記載的一個美麗傳說，「很久以前一個寒冷的夜晚，一位年輕婦女受聖靈降孕，將一名男嬰生在耶路撒冷附近伯利恆的一個馬棚裡，這位年輕的母親就是後來被天主教徒、東正教徒尊為『聖母』的童貞女瑪利亞。而那位依上帝旨意，為拯救世人從天而降臨人間的，便是上帝耶和華之子——耶穌基督。」後來人們把傳說現實化，為了表示對上帝的忠誠和敬仰，對耶穌基督的崇拜和虔誠，每年都按照凡人的習俗，給耶穌基督過生日，這就是聖誕節的由來。據羅馬教會歷史上記載：聖誕節最早是從西元三三六年開始在羅馬城內舉行，後來逐漸普及開來。

聖誕節沿革至今，已不僅僅是原來的宗教節日，它同時成為民間傳統的盛大節日，是當今歐美各國各階層人士一年中最重要的一個節日。它比新年更受人重視，也因此更為熱鬧和隆重。在節日期間，人們往往要舉行各種各樣的慶祝活動，例如組織唱詩班演唱聖誕歌曲；在家中布置聖誕樹；分送禮物等。

■聖誕夜

聖誕節的慶祝活動從十二月二十四日夜間開始舉行。因為《聖經》中記載，耶穌是在半夜裡降生的。慶祝活動在半夜裡達到最高潮，這一夜稱為聖誕夜。聖誕夜往往有很多人在各種公眾

場所徹夜狂歡，教堂裡也在爲舉行紀念耶穌誕生的子夜彌撒而燈火通明。

■聖誕樹

在西方風俗中，聖誕樹是幸福與快樂的象徵，是聖誕節的主要裝飾品。最初出現於十六世紀的德國，十八世紀時風靡歐洲，之後又傳入美國。一般是以杉、松柏之類的塔形常綠樹製作，大小不等，樹枝上掛滿了五光十色的鈴鐺、雪花、燈飾、彩紙、各式包裝精美的小禮品等裝飾物，樹頂上裝飾著一顆顆晶瑩閃亮的星星。人們來到聖誕樹前，滿懷喜悅地將自帶的禮品與掛在樹上的禮品交換，使人們都得到美好的節日祝福。

■聖誕老人

聖誕老人是基督復活中的角色，西方傳說中有一位白鬍鬚紅袍衫的老人，在每年聖誕節時自北方駕雪橇來，由煙囪進入各家分送禮物，因此在聖誕節時便有扮演聖誕老人向兒童分送禮品的習俗。

■聖誕卡

在聖誕節人們互贈賀年卡，以各種祝頌對方的賀詞共祝節日愉快。

■聖誕蠟燭

在聖誕樹、聖誕蛋糕上以點燃的聖誕蠟燭象徵光明。

■聖誕晚餐

聖誕晚餐是聖誕節的重要節目，傳統的聖誕節食品包括烤火雞、火腿、甘薯、蔬菜、蜜餞果脯、葡萄乾布丁等。

(二) 聖誕節賣場裝飾要點

聖誕節已成爲飲食消費的必爭之地，各大餐館紛紛採取措施迎接這一消費焦點。餐館賣場在聖誕節的裝飾布置可以根據聖誕節的組成要素與特別裝飾物來進行。

■聖誕節餐館外觀裝飾

餐館可以用彩燈、滿天星、光纖、霓虹燈等發光器材組成象徵聖誕節的圖案和文字，常見的有「聖誕樹」、「聖誕老人」、「花鹿雪橇」、“MERRY CHRISTMAS”等。聖誕老人是聖誕節時各商家、餐館在櫥窗上及店內不可缺少的裝飾。聖誕老人不僅可以作爲平面裝飾，也可以做成立體形，或是畫在硬紙板上剪出外形來裝飾，與老人有關的裝飾造型還有帶煙囪的小屋、雪橇及花鹿等。餐館還可以專門請一位員工扮演成聖誕老人，身著紅袍、飄著白鬍鬚、拿著鈴鐺、背著布袋，在現場分發小禮品，可創造出更好的氣氛。

■聖誕展示台

聖誕展示台是聖誕節賣場裝飾的重點。展示台的布置應以紅色、白色、綠色、藍色爲主調，展示台上的裝飾物有聖誕樹、聖誕花環、松果、榛果、核桃、聖誕小屋、各式包裝精美的聖誕禮物、聖誕蛋糕、聖誕蠟燭、聖誕卡片、麥稈編織、太陽月亮面具、幸運星及琳琅滿目的聖誕禮籃（包括聖誕紅酒、樹根蛋糕、巧克力、薑餅、曲奇餅、聖誕布丁等）。

■聖誕節舞台

聖誕節餐館常常舉辦一些大型演出或者抽獎活動，所以，聖誕節舞台的布置也非常重要。舞台的背景或布幕是整個舞台裝飾

的重點，適宜色彩爲紅色、白色、綠色和藍色。

■聖誕節賣場廣告

聖誕節的賣場廣告也可以成爲烘托氣氛的佳品，例如菜單及各式宣傳印刷品。北京燕莎中心凱賓斯基飯店設計製作的聖誕節和新年餐飲美食活動的推銷宣傳品摺成四摺，正反一共分成八個版面，以淡紅色爲主基調，封面上一片紅色中飄舞著潔白的雪絨花，連綿起伏的大地上白雪皚皚，聖誕樹大放光華，一旁慈祥的聖誕老人悄悄拉開粉紅色的窗簾，滿面紅光，正向全世界招手。在印刷品上，可以了解到飯店針對不同餐廳和酒吧的風格，舉辦了各具特色情調的慶祝活動，例如客來思樂餐廳的聖誕狂歡晚會、怡時自助餐廳家庭氣氛濃厚的香檳聖誕午餐、大堂酒廊在品嘗聖誕紅酒的同時聆聽小天使唱詩聖潔飄逸的歌聲、美食廊推出的聖誕禮籃、莫扎特餐廳推出傳統典雅的歐陸風格聖誕晚宴、威尼斯餐廳推出帶有中東情調的義大利式聖誕套餐等。宣傳品上還設計了充滿童趣的卡通聖誕老人、彩色氣球、四溢的香檳、金色鈴鐺以及聖誕蠟燭等。精心設計的卡片代表了飯店全體員工對顧客的衷心祝福。

■聖誕節賣場背景音樂

聖誕節的背景音樂可以選用一些關於聖誕節的傳統曲目，例如《Silent Night（平安夜）》、《Whena Chilais Bom（偉大的時刻）》、《White Christmas（白色的聖誕）》、《We Wish You a Merry Christmas（聖誕快樂）》、《On Holy Night（神聖之夜）》、《Jingle Bells（鈴兒響叮噹）》、《Silver Bells（銀鈴）》等。

二、情人節賣場設計

(一) 關於情人節的常識

情人節，又名「聖華倫泰節」，起源於古代羅馬，爲每年的二月十四日。

■起源

關於「聖華倫泰節」名稱的來源，說法不一。其中之一的說法是爲紀念一名叫華倫泰的基督教殉道者。他因帶頭反抗羅馬統治者對基督教徒的迫害，被捕入獄，並在西元二七〇年二月十四日被處死。行刑前，華倫泰曾給典獄長的女兒寫了一封信，表明了自己光明磊落的心跡和對她的一片情懷。自此以後，基督教徒便把二月十四日定爲情人節。從此，情人節帶著它的浪漫色彩，由歐洲飄洋過海來到美洲。

■節日禮俗活動

情人節現已成爲歐美各國青年人喜愛的節日。在這一天，歐美的男女都互相贈送禮物，諸如心形飾物、巧克力糖盒、鬱金香花束或精美織物等。其中，人們送的最多的禮物是情人節賀卡，上面印有各種象徵愛情的圖案。

(二) 情人節的賣場裝飾要點

推出情人節套餐的餐館與酒吧可以將賣場加以浪漫色彩的裝飾，例如採用心形圖案、緞帶花及中英文文字的櫥窗廣告裝飾，在賣場內張貼經典愛情影片中男女主角的海報等，在餐桌上可以放置一些心形飾物，例如首飾盒、音樂盒等，還可以擺放心形巧克力、愛神丘比特的小雕塑、玫瑰花、鬱金香等。

(三) 情人節的賣場背景音樂

情人節的背景音樂可以選用一些歐美經典愛情歌曲，例如：《Can You Feel The Tonight》、《I Will Always Love You》、《Without You》、《The Power of Love》、《Love me Tender》、《My Funny Valentine》、《I Swear》等。

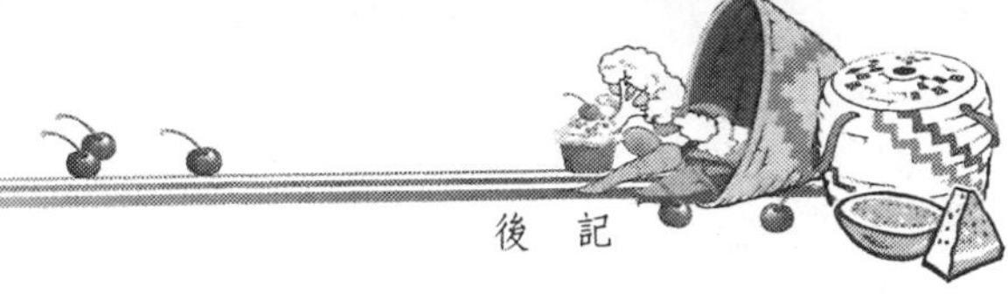

後記

時至今天，餐飲業出售的不再是單純供人們果腹的飲食產品，而是在整個用餐過程中，從生理與心理角度帶給顧客美好的感覺，及一次令人回味的難忘經歷。所以，餐飲業主們除了注重餐飲食品本身的品質及吸引力外，也紛紛將目光集中在餐館賣場環境氣氛的營造上。由此，本書圍繞著功能、裝飾、服務以及銷售四個環節，展開了對現代餐館賣場環境設計的研究。

在寫作過程中，本書編輯陳慈良先生給予了充分關心及幫助，特別是在圖片資料的收集上花費了大量時間及精力，在此表示感謝！同樣感謝杭州國大雷迪森廣場酒店公關部包琦琦小姐爲本書的資料收集提供的大力幫助！

本書寫作過程歷時兩年多，其中對大綱與全文都做了反覆修改及加工，但難免還有不盡如人意之處，敬請讀者不吝賜教，不勝感激！

筆記

筆記

筆記

餐館賣場設計

餐旅叢書

編 著 者✐張世琪
出 版 者✐揚智文化事業股份有限公司
發 行 人✐葉忠賢
總 編 輯✐林新倫
登 記 證✐局版北市業字第 1117 號
地　　址✐台北市新生南路三段 88 號 5 樓之 6
電　　話✐ (02)2366-0309
傳　　眞✐ (02)2366-0310
郵撥帳號✐19735365 戶名：葉忠賢
印　　刷✐鼎易印刷事業股份有限公司
法律顧問✐北辰著作權事務所　蕭雄淋律師
初版一刷✐2003 年 12 月
定　　價✐350 元
I S B N ✐ 957-818-569-3（平裝）
E-mail ✐yangchih@ycrc.com.tw
網址✐http://www.ycrc.com.tw

✦本書經由遼寧科學技術出版社授權繁體中文發行。

國家圖書館出版品預行編目資料

餐館賣場設計 / 張世琪著. -- 初版. -- 臺北市：揚智文化, 2003[民 92]

面；　公分.

ISBN　957-818-569-3（平裝）

1. 飲食業 – 管理 2. 餐廳 – 設計

483.8　　　　92017258